彩图 1　茶籽

彩图 2　安徽茶园

彩图 3　云南野生古茶树果实和种子

彩图 4　评茶盘

彩图 5　评茶杯碗

彩图 6　叶底盘

彩图 7　天平

彩图 8　定时器、评茶碗、茶匙和网匙

1+X 职业技术培训教材

评茶员 五级

编审委员会

主　　任　张　岚　魏丽君

委　　员　顾卫东　葛恒双　孙兴旺　张　伟　李　晔　刘汉成

执行委员　李　晔　瞿伟洁　夏　莹　周星娣

编写单位　上海市茶叶学会

中国劳动社会保障出版社

图书在版编目(CIP)数据

评茶员：五级/人力资源社会保障部教材办公室等组织编写. -- 北京：中国劳动社会保障出版社，2020

1+X 职业技术培训教材

ISBN 978-7-5167-4519-9

Ⅰ.①评… Ⅱ.①人… Ⅲ.①茶叶-鉴别-职业培训-教材 Ⅳ.①TS272.7

中国版本图书馆 CIP 数据核字(2020)第 127916 号

中国劳动社会保障出版社出版发行

(北京市惠新东街 1 号 邮政编码：100029)

*

北京市艺辉印刷有限公司印刷装订 新华书店经销

787 毫米×1092 毫米 16 开本 7.25 印张 1 彩插页 136 千字

2020 年 8 月第 1 版 2024 年 8 月第 5 次印刷

定价：20.00 元

营销中心电话：400-606-6496

出版社网址：http://www.class.com.cn

内容简介

本教材由人力资源社会保障部教材办公室、中国就业培训技术指导中心上海分中心、上海市职业技能鉴定中心依据上海 1+X 评茶员（五级）职业技能鉴定细目组织编写。教材从强化培养操作技能，掌握实用技术的角度出发，较好地体现了当前最新的实用知识与操作技术，对于提高从业人员基本素质，掌握评茶员（五级）核心知识与技能有直接的帮助和指导作用。

本教材在编写中根据本职业的工作特点，以能力培养为根本出发点，采用模块化的编写方式。全书共分为 4 章，内容包括：职业道德、茶叶基础知识、茶文化基础、茶叶审评等。

本教材可作为评茶员（五级）职业技能培训与鉴定考核教材，也可供全国中、高等职业技术院校相关专业师生参考使用，以及本职业从业人员培训使用。

编者的话

1+X职业技术·职业资格培训教材——《茶叶审评师（初级）》《茶叶审评师（中级）》《茶叶审评师（高级）》自2007年正式出版以来，受到广大读者的普遍好评，已经多次重印。全国，尤其是上海的中等职业学校、社会办学机构等评茶员培训多采用此教材开设相关课程，一些社区评茶员培训班也将此教材用作培训教材或参考资料。2007版茶叶审评师系列教材为上海乃至全国评茶员培训做出了一定的贡献。

十多年来，我们在评茶员教学实践中收集和积累了一些新的内容和素材，同时，伴随着茶文化事业的不断发展，书中有些数据、图表和文字表述等均有不同程度修改的必要。为此，我们在广泛收集读者反馈意见和建议的基础上，在原由刘启贵主编、周星娣副主编、王垚主审，王济安、卢祺义、陈金芬、汪玲平、陈瑛编写的《茶叶审评师（初级）》《茶叶审评师（中级）》《茶叶审评师（高级）》教材基础上，依据上海1+X职业技能鉴定细目，结合这些年的教学实践，对书稿分别进行了修订，并改名为《评茶员（五级）》《评茶员（四级）》《评茶员（三级）》。新教材涉及结构调整、资料更新、错误纠正、内容扩编等，从强化培养操作技能、掌握一门实用技术的角度出发，较好地体现了本职业当前最新的实用知识和操作技能，将更符合全国职业技能等级认定的要求。

新教材由汪玲平、张扬、卢祺义、陈瑛共同修订完成，由周星娣审稿。新教材虽经广泛收集和征求读者的意见，但因时间仓促，不足之处在所难免，欢迎读者提出宝贵意见和建议，以便重印或修订时改正。

周星娣

2019年10月

前　言

职业培训制度的积极推进，为广大劳动者系统地学习相关职业的知识和技能，提高就业能力、工作能力和职业转换能力提供了可能，同时也为企业选择适应生产需要的合格劳动者提供了依据。

随着我国科学技术的飞速发展和产业结构的不断调整，各种新兴职业应运而生，传统职业中也越来越多、越来越快地融进了各种新知识、新技术和新工艺。因此，加快培养合格的、适应现代化建设要求的高技能人才就显得尤为迫切。近年来，上海市在加快高技能人才建设方面进行了有益的探索，积累了丰富而宝贵的经验。为优化人力资源结构，加快高技能人才队伍建设，上海市人力资源和社会保障局在提升职业标准、完善技能鉴定方面做了积极的探索和尝试，推出了1+X培训与鉴定模式。1+X中的1代表国家职业标准，X是为适应经济发展的需要，对职业的部分知识和技能要求进行的扩充和更新。随着经济发展和技术进步，X将不断被赋予新的内涵，不断得到深化和提升。

上海市1+X培训与鉴定模式，得到了人力资源社会保障部的支持和肯定。为配合1+X培训与鉴定的需要，人力资源社会保障部教材办公室、中国就业培训技术指导中心上海分中心、上海市职业技能鉴定中心联合组织有关方面的专家、技术人员共同编写了职业技术培训系列教材。

职业技术培训教材严格按照1+X鉴定考核细目进行编写，教材内容充分反映了当前从事职业活动所需要的核心知识与技能，较好地体现了适用性、先进性与前瞻性。聘请编写1+X鉴定考核细目的专家，以及相关行业的专家参与教材的编审工作，保证了教材内容的科学性及与鉴定考核细目以及题库的紧密衔接。

职业技术培训教材突出了适应职业技能培训的特色，使读者通过学习与培训，不仅有助于通过鉴定考核，而且能够有针对性地进行系统学习，真正掌握本职业的核心技术与操作技能，从而实现从懂得了什么到会做什么的飞跃。

职业技术培训教材立足于国家职业标准，也可为全国其他省市开展新职业、新技术职业培训和鉴定考核，以及高技能人才培养提供借鉴或参考。

新教材的编写是一项探索性工作，由于时间紧迫，不足之处在所难免，欢迎各使用单位及个人对教材提出宝贵意见和建议，以便教材修订时补充更正。

人力资源社会保障部教材办公室
中国就业培训技术指导中心上海分中心
上海市职业技能鉴定中心

目　录

第1章

职业道德

引导语

职业道德是社会道德的重要组成部分。评茶员的职业道德是社会主义道德基本原则在茶叶服务中的具体体现，也是评价评茶员职业行为的准则。因此，每个评茶员都应努力学习评茶员的职业道德标准，并应用于实际工作中。

评茶员的职业道德基本准则有其自身行业的具体内容和要求。而这些内容和要求，又具体体现在评茶员的职业守则之中。其主要作用就是调整评茶员与客户之间的关系，树立热情友好、信誉第一、忠于职守、文明礼貌、一切为客户着想的服务思想和作风。

学习目标

- 了解职业道德的基本知识。
- 了解评茶员职业守则的具体内容和要求。
- 培养良好的职业道德精神。

第1节　职业道德基本知识

一、职业道德的定义

职业道德是人们在从事职业活动时应当遵守的与其特定的职业活动相适应的行为规范的总和。

评茶员的职业道德是指评茶员在从事茶叶品质审评过程中，应当遵循的与其茶叶品质审评活动相适应的行为规范。它要求评茶员既要实事求是、公正廉洁，又要勤奋好学、刻苦钻研，熟练掌握评茶方法和规则，不断积累实践经验，正确评定茶叶品质，把好茶叶产品质量关。

二、职业道德的作用

职业道德能够引导人们的职业活动向社会经济和精神文明的正确方向发展，它要求人们在从事职业活动时具有强烈的社会责任感和高度的法律意识，同时在完成职业活动的各项任务时还应具有一定的奉献精神。因此，职业道德不仅有利于改善社会的道德风尚、有利于社会精神文明建设，而且也有利于职业活动的顺利开展及劳动者素质的不断提高。

第2节　培养职业道德的途径

一、积极参加社会实践，做到理论联系实际

学习正确的理论并用它来指导实践是培养职业道德的根本途径。

提高职业道德修养必须做到理论联系实际。这要求评茶员要努力掌握马克思主义的立场、观点和方法，密切联系当前的社会实际、审评活动的实际和自己的思想实际，加强道德修养。只有在实践中时刻以职业道德规范来约束自己，才能逐步养成良好的职业道德品质。

二、强化道德意识，提高道德修养

评茶员应该认识到其职业的崇高意义，时刻不忘自己的职责，并转化为高度的责任心，从而形成强大的动力，不断激励和鞭策自己做好本职工作。

三、开展道德评价，检点自己的言行

正确开展道德评价既是形成良好风尚的精神力量，促使道德原则和规范转化为道德品质的重要手段，又是提高道德修养的重要途径。道德评价可以说是道德领域的批评与自我批评。正确开展批评与自我批评，既可以促进评茶员之间的相互监督和帮助，又可以提升个人的道德素养。

对于评茶员的道德品质修养来说，自我批评尤为重要，这种修养方法从古到今都具有深刻的意义。

第3节　职业守则

评茶员的职业守则是指评茶员应遵循的职业道德的基本准则，即评茶员必须遵循的行为标准，它包括以下几个方面内容。

一、忠于职守，爱岗敬业

忠于职守、爱岗敬业是指评茶员应该忠实地履行自己的职责，有强烈的职业荣誉感和工作责任心，热爱自己的工作岗位，兢兢业业，为茶叶事业做出应有的贡献。

众所周知，我国是茶叶的原产地，我国的茶园面积、茶叶产量及茶叶进出口量分别居世界第一位、第一位和第三位。茶叶已作为一种健康饮料赢得世界各国人民的喜爱。“开门七件事，柴米油盐酱醋茶”，可见茶叶是人们日常生活中必不可少的生活用品。同时，茶叶的出口也为国家增加了外汇收入，有利于国家的经济建设。因此，评茶员应充分认识自己所从事职业的社会价值，树立职业荣誉感。

茶叶的生产、加工具有较强的技术要求，同时茶叶品质的鉴定比较复杂，要求具有一定的技术性和较高的专业性，目前茶叶品质的鉴别仍然依靠感官审评，判断其色、香、味、形的品质。评茶员从事的就是茶叶品质的审评工作。

作为一名评茶员，如果是企业的一名员工，其工作质量的好坏直接关系到企业的茶叶产品质量、企业的经济效益、企业的信誉及生存；如果是产品质量监督检验机构的一名检验人员，其工作质量的好坏直接关系到茶叶产品检验的公正性和准确性，关系到质量检验机构的社会信誉。因此，评茶员只有具备强烈的职业荣誉感和工作责任心，才能热爱自己的工作岗位，做好自己的本职工作。

二、科学严谨，不断进取

茶叶感官审评是一项技术性较高的工作，它是通过评茶员的嗅觉、味觉、视觉、触觉等感觉器官来评定茶叶品质，因此需要评茶员具备敏锐的感觉器官分辨能力。这种能力不是一朝一夕形成的，而是需要经过有意识地反复训练才能具备。同时，评茶员在经验积累的基础上对茶叶品质进行真实、客观的判断，来不得半点虚假和马虎，因此科学严谨的态度是评茶员完成本职工作所必须具备的。另外，茶叶审评结果的正确与否与评茶员能力的高低、技术掌握是否全面、作风是否严谨有着很大的关系，要想取得科学准确的茶叶审评结果，必须注重茶叶技术知识的汲取及评茶技巧的训练。

三、注重调查，实事求是

作为一名评茶员，除了应具备科学严谨的工作态度，还应具备实事求是的工作作风。在茶叶审评过程中，评茶员应尊重客观事实，是一级的品质水平，就不能受外界因素（如熟人、朋友、亲戚关系）的干扰而评定为特级水平。同时，评茶员应注重调查研究，在品质审评过程中多问几个为什么，避免凭主观想象武断地下结论，从而使评定结果客观、准确地反映真实的品质情况，减少人为误差。

四、团结共事，宽厚容人

评茶员在从事茶叶品质审评这一职业活动时应相互学习，相互交流，特别是年轻的同志应虚心向经验丰富的老同志学习，向生产第一线的老茶农、技术人员、老茶师们请教，不断积累经验。这就要求评茶员加强相互之间的联系和交流，相互切磋茶叶审评技术，共同提高茶叶审评技能。同时，有一定茶叶审评经验的同志应对年轻评茶员多一份关心，帮助他们提高业务素质和茶叶审评技能，使评茶事业后继有人，也使我国的茶叶事业更加兴旺发达。

五、遵纪守法，讲究公德

遵纪守法是指评茶员应遵守国家的法律法规，具有高度的法律意识。在社会主义法治建设越来越健全的今天，作为一名评茶员应加强法律法规的学习。评茶员对茶叶的审评结果，不仅影响企业的经济效益，一旦涉及退货、索赔等情况，还会影响企业的声誉，甚至影响我国茶叶在国际市场上的信誉。同时，评茶员应自觉加强道德修养，提高自律能力，讲公德，拒腐败，不徇私情，不谋私利，做一名德才兼备、素质优良的评茶员。

测试题

一、判断题（下列判断正确的请打“√”，错误的请打“×”）

1. 评茶员在业务上刻苦钻研就能符合评茶员的职业道德要求。（　　）
2. 评茶员学习正确的理论并用它来指导实践是培训职业道德的根本途径。（　　）
3. 评茶员的职业守则是指评茶员应遵循的职业道德的基本准则。（　　）

二、单项选择题（下列每题的选项中，只有1个是正确的，请将其代号填在横线空白处）

1. 评茶员开展道德评价，检点自己的言行的重要途径是________。
   A. 开展批评与自我批评　　B. 人们之间的沟通　　C. 和蔼相待
2. 评茶员应该忠实地履行自己的职责，应该做到忠于职守和________。
   A. 懂得茶叶加工　　B. 爱岗敬业　　C. 懂得饮茶好处
3. 遵纪守法是指评茶员应遵守国家的法律法规，具有高度的________。
   A. 政治觉悟　　B. 文化水平　　C. 法律意识

三、简答题

1. 评茶员的职业道德是什么?

2. 评茶员的职业守则包括哪些主要内容?

测试题答案

一、判断题

1. × 2. √ 3. √

二、单项选择题

1. A 2. B 3. C

三、简答题

1. 答:评茶员的职业道德是指评茶员在茶叶品质审评过程中,应当遵循的与其茶叶品质审评活动相适应的行为规范。它要求评茶员实事求是、公正廉洁、勤奋好学、刻苦钻研,熟练掌握评茶方法和规则,正确评定茶叶的品质,把好茶叶产品质量关。

2. 答:评茶员职业守则包括以下几个方面内容。

(1) 忠于职守,爱岗敬业。

(2) 科学严谨,不断进取。

(3) 注重调查,实事求是。

(4) 团结共事,宽厚容人。

(5) 遵纪守法,讲究公德。

第 2 章

茶叶基础知识

引导语

我国是世界上最早发现和利用茶叶的国家，也是茶树资源最为丰富的国家。目前，世界各国引种的茶树、使用的栽培管理方法、茶叶的制作技术、茶叶的品饮习俗等无不源于我国。

茶是中华民族举国之饮，茶是中华民族的骄傲。

人们想饮好茶，首先要了解茶，包括茶的形态、特性等。

人们要掌握茶叶种类、各种茶的制作方法、品质特征及品饮方法，也必须学习茶叶基础知识，特别是茶的起源和传播、茶在社会经济中的地位、我国茶区分布及茶叶产销、茶树栽培和茶叶加工知识。

学习目标

- 了解茶的起源与传播。
- 了解茶树的植物学特征及生长特性，以及茶叶分类和茶叶加工的基本知识。

第 1 节　茶的起源与传播

一、茶树的原产地

在我国，传说茶是“发乎于神农，闻于鲁周公，兴于唐而盛于宋”。茶最初作为药用，后来发展成为饮料。东汉时期的《神农本草经》中记述了“神农尝百草，日遇七十二毒，得荼而解之”的传说，其中“荼”即“茶”，这是我国最早发现和利用茶叶的记载。唐代陆羽（公元 733—804 年）对唐代及唐代以前有关茶叶的科学知识和茶叶生产实践经验进行了系统的总结，编撰了世界上第一部茶业专著《茶经》。当其他国家还不知种茶和饮茶时，我国发现和利用茶树却已有数千年的历史了。

茶树原产于我国西南地区。早在三国时期（公元 220—280 年）我国就有关于西南地区发现野生大茶树的记载。近几十年来，在我国西南地区更不断地发现古老的野生大茶树。1961 年，在云南省的大黑山密林中（海拔 1 500 m）发现一棵高 32. 12 m、树围 2. 9 m 的野生大茶树，这棵树单株存在，树龄约 1 700 年。1996 年，在云南镇沅县千家寨的原始森林中（海拔 2 100 m），发现一株高 25. 5 m、底部直径 1. 20 m、树龄 2 700 年左右的野生大茶树，原始森林中直径 30 cm 以上的野生茶树到处可见。据不完全统计，我国已有 10 个省区共 198 处发现野生大茶树。总之，我国是世界上最早发现野生大茶树的国家，而且树体最大、数量最多、分布最广，充分说明我国是茶树的原产地。

二、茶树引种至世界各产茶国

我国茶树最早传入日本是在公元 805 年，日本僧人从我国带回茶籽（见彩图 1）在滋贺县种植。公元 828 年，我国茶种传到朝鲜，1618 年传至俄罗斯，1780 年传入印度，1828 年传到印度尼西亚，以后又传播到斯里兰卡以及非洲、南美等地。世界各产茶国在引进中国茶种的同时，也引进了茶叶加工技术及品饮方式。

三、茶的称谓起源于中国

“茶”字的音、形、义是中国最早确立的。茶叶由中国输往世界各地，1610 年中国茶叶作为商品输往荷兰和葡萄牙，1638 年输往英国，1664 年输往俄国，1674 年输往美国纽约，因此世界各国对茶的称谓均源于中国“茶”字的音，如英语的“tea”，德语“Tee”、法语“Thé”等都是由我国闽南语茶字（té）音译过去的。俄语的“yaй”和印度语音“chā”是由我国北方音“茶”音译的，而日语茶字的书写即汉字的“茶”。可以看出，“茶”字最早出现在中国，世界各国对茶的称谓都是由中国“茶”字音译过去的，只是因各国语种不同而发生了变化。可见，茶的称谓起源于中国。

四、我国最早加工茶叶

我国茶叶加工历史悠久。在周武王时期，巴蜀就以茶叶为贡品。三国时期，我国史书中已有用茶叶制茶饼的记载。在唐代，人们创造了蒸青技术，并进一步发展了炒青。我国古代劳动人民在制茶过程中积累了丰富的经验，不断改进和提高制茶技术，创造了丰富多彩的茶叶类型，这是世界上其他国家无法相比的。

第 2 节　茶在社会经济生活中的地位

一、茶是健康文明饮料

茶叶之所以受到人们的喜爱，不仅因为饮茶有益于人体健康，可防治多种疾病，而且饮茶可以修身养性、陶冶情操。我国民间有句俗语，即“开门七件事，柴米油盐酱醋茶”，客来敬茶是我国各族人民的传统习俗。可见，茶已成为我国人民日常生活的必需品。随着社会经济的发展和人民生活水平的不断提高，人们对茶叶的需求量也在不断增加。

我国边疆少数民族更是离不开茶叶。由于气候等因素的影响，边疆地区缺少蔬菜和果品，而人们吃的又是富含脂肪及蛋白质的牛羊肉，因此需要饮茶以分解脂肪、帮助消化。同时，茶叶中含有多种维生素，饮茶可以预防因少食蔬菜、果品而缺乏维生素引起的疾病，因此边疆少数民族更是不可一日无茶。

二、茶是茶民收入的一个重要来源

中华人民共和国成立以来，党和人民政府积极扶持茶叶生产，我国的茶业得到恢复和发展。全国茶园的面积由1950年的254万亩（1亩≈666.67平方米），发展到1998年的1 650万亩，2005年的2 019万亩，2017年的4 500多万亩。我国茶区分布很广，从事茶业的人数约8 000万。在重点产茶县，如安徽祁门、湖南安化、福建寿宁、湖北恩施、浙江嵊州、贵州湄潭等，茶叶生产收入占其全年总收入的一半左右。一般产茶县的茶叶生产收入也约占其全年总收入的1/3。因此，搞好茶叶生产，对提高山区茶农的生活水平是非常重要的（彩图2为安徽茶园）。

第3节　我国茶区分布及茶叶产销

一、我国茶区分布情况

我国茶区分布在北纬18°~37°、东经94°~112°的广阔范围内。我国有浙江、江苏、安徽、福建、山东、河南、湖北、湖南、陕西、甘肃、西藏、四川、重庆、贵州、云南、广西、广东、海南、江西、台湾等20个省、自治区、直辖市产茶，从海拔几十米的平原到海拔2 600 m的高山，有上千个县市产茶。各地的地形、土壤、气候等存在着明显的差异，这些差异对茶树生长发育和茶叶生产影响极大。在不同地区，生长着不同类型、不同品种的茶树，茶叶品质也各不相同。

目前我国茶区大致分为四个，即江北茶区、江南茶区、西南茶区、华南茶区。

1. 江北茶区

该茶区地形较复杂，与其他茶区相比，气温低、积温少，茶树新梢生长期短。江北茶区包括甘肃、陕西、鄂北、豫南、皖北、苏北、鲁东南等地，适制绿茶，另有少量黄茶等。

2. 江南茶区

该茶区大多处于丘陵低山地区，也有海拔 1 000 m 的高山。高山茶园土层深厚、土质较肥沃，而丘陵低山茶园土层浅薄、土壤结构差，有“晴天一把刀，雨天一团糟”的现象。江南茶区包括粤北、桂北、闽中北、湘、浙、赣、鄂南、皖南、苏南等地，适宜发展绿茶、红茶、青茶、花茶和名特茶。

3. 西南茶区

该茶区的各地气候变化大，水热条件较好，包括黔、川、滇中北、藏东南等地，适产红碎茶、绿茶、普洱茶、花茶、边销茶、名特茶等。

4. 华南茶区

该茶区水热资源丰富，土壤肥沃，包括闽中南、台湾、粤中南、海南、桂南、滇南等地，适宜加工红茶、普洱茶、六堡茶、花茶、青茶等。

二、我国茶叶产销情况

我国茶叶生产历史悠久，茶叶种类丰富，早在 1 000 多年前中国茶叶就远销国外。1886 年，我国茶叶产量达 25 万吨，出口达 13.41 万吨；到中华人民共和国成立前夕的 1949 年，全国茶叶生产只有 4.1 万吨，出口仅为 0.9 万吨。1950—1970 年间，我国茶叶生产基本上以垦覆、发展、扩大种植面积为主，这一时期我国的茶园面积和茶叶产量都得到较大幅度的增长；1970—1988 年，这一阶段的重点是改善茶园结构，提高茶园产量。中华人民共和国成立以来，我国茶叶生产取得了辉煌的成就（见表 2-1）。

表 2-1　　我国茶叶生产概况

项目 \ 年份	1950 年	1960 年	1970 年	1980 年	1990 年	2000 年	2005 年	2017 年
茶园面积（万亩）	254.20	558.00	731.00	1 561.00	1 705.00	1 695.00	2 019.00	4 588.00
茶叶产量（万吨）	6.52	13.58	13.60	30.37	54.01	68.30	92.00	255.00
内销数量（万吨）	0.35	6.10	6.07	13.27	33.85	43.40	63.34	190.00
出口数量（万吨）	1.88	4.26	4.09	10.76	19.50	23.18	28.66	35.53

茶叶出口为我国创收了大量外汇，但从上表中可见，茶叶内销长期占主要地位，随着人们生活水平的不断提高，内销数量呈大幅度增长趋势。

第4节　茶树栽培

一、茶树的特征

茶树是多年生常绿木本植物，其植物学分类的定义如下：植物界—种子植物门—双子叶植物纲—山茶目—山茶科—山茶族—山茶属—茶种。茶树由根、茎、芽、叶、花、果实和种子组成。

1. 根

茶树是深根植物，其根部由主根、各级侧根、吸收根和根毛组成。按其生根部位不同，可分为定根和不定根。主根和侧根为定根，从茶树的茎、叶、老根或根颈处萌发的根称为不定根。茶树的主根由胚根发育向下生长形成，具有很强的向地性，其长度可达1~2 m。主根上萌发侧根，侧根前段生长出乳白色的吸收根，吸收根表面密生根毛。土质肥沃、耕作深而精细时，根系分布深而广，地上部分也生长良好。主根生长到一定年限后，其生长速度会慢于侧根，侧根便主要向水平方向伸展。根幅与树冠的关系随树龄和耕作制度的不同而不同，一般幼年茶树的树冠与根幅相对称，青年及壮年茶树的根幅比树冠要大，老年茶树中有些树的根幅比树冠小。少耕或免耕茶园内，其冠幅通常小于根幅。

2. 茎（枝干）

茶树的茎是上下连接茶树的根、叶、花和果实的轴状结构体，即茶树地上部分的主干与枝条。茶树根据分枝的性状不同，可分为乔木型、半乔木型和灌木型。

（1）乔木型。乔木型茶树有高大的主干，侧枝大多由主干分枝而出，多为野生古茶树，凤庆大叶种茶树、勐海大叶种茶树等也属于乔木型。云南、贵州、四川等地发现的野生大茶树，一般树高10 m以上，主干直径需二人合抱。云南野生古茶树的果实和种子如彩图3所示。

（2）半乔木型（小乔木型）。半乔木型茶树有明显的主干，主干和分枝容易区别，但分枝部位离地面较近，如云南大叶茶、福鼎大白茶、福云6号、梅占、黄观音等茶树。

（3）灌木型。灌木型茶树主干矮小，分枝稠密，主干与分枝不易分清，如龙井43、乌牛早、铁观音、肉桂等茶树。

我国栽培最多的茶树是灌木型和小乔木型茶树。

3. 芽

茶树上的芽分营养芽和花芽两种，营养芽是枝叶的原始体，发育成枝叶，花芽发育成花。营养芽依其生长部位的不同，分为定芽和不定芽两种。定芽生于枝顶（顶芽）及叶腋（腋芽），一般顶芽大于腋芽，且生长力强。当茶树枝条生长成熟或因水分、养分不足时，顶芽停止生长而形成驻芽。不定芽生于枝的节间或根颈处，当枝干遭受机械损伤时，不定芽能萌发成新枝。驻芽和尚未萌发生长的芽统称为休眠芽，处于正常生长活动的芽则称为生长芽。

由于萌发时间不同，茶芽又可分为冬芽、春芽和夏芽。冬芽较肥壮，在秋冬季形成，次年春季发育生长；春芽在春季形成，夏季发育生长；夏芽在夏季形成，秋季发育生长。

4. 叶

茶树叶片分为鳞片、鱼叶和真叶。鳞片质地较硬，无叶柄，多呈黄绿色或棕褐色，表面有蜡质，随着茶芽的萌发而逐渐脱落。鱼叶是发育不完全的叶片，叶尖圆钝似鱼鳞，叶色较淡，叶柄宽而扁平，侧脉不明显，叶缘无或少锯齿。春季每一轮新梢基部一般有 1~2 片鱼叶，夏秋季新梢常无鱼叶。真叶为发育完全的叶片，一般为椭圆形或长椭圆形，少数呈披针形或卵形。

茶树的叶只有叶柄和叶片，没有托叶，为单叶互生。茶树的叶是常绿的，茶树上同一时期有老叶和新叶之分。新叶是制茶的原料，芽上及嫩叶的背面有茸毛。茶树叶片为网状脉，有明显的主脉，沿主脉分出侧脉，侧脉数少则 5~7 对，多则 10~15 对，一般为 7~9 对。侧脉角度大于等于 45°角伸展至叶缘 2/3 的部位向上方弯曲呈弧形，与上方侧脉相连接，这是茶树叶片的特征之一。侧脉分出细脉，构成网状脉。茶树叶片的边缘有锯齿，呈鹰嘴状，随着叶片老化，锯齿上的腺细胞脱落留下褐色疤痕。锯齿数一般为 16~32 对。

茶树叶片的大小以叶面积来区分，一般叶面积大于 50 cm^2 属于特大叶，28~50 cm^2 属于大叶，14~28 cm^2 属于中叶，小于 14 cm^2 属于小叶。叶面积的计算公式为：叶面积（cm^2）= 叶长（cm）× 叶宽（cm）× 0.7（系数）。

5. 花

茶树的花为两性花。茶树是异花授粉植物，它的花是虫媒花。花芽约于 6 月中旬开始形成，茶树的盛花期在每年的 10—11 月，花为白色，少数呈淡红色。

6. 果实和种子

从花芽形成到种子成熟，需一年半左右的时间，一般在 10 月中旬左右种子成熟，此时在同一株茶树上花与果实并存，这是茶树的特征之一。

茶果属蒴果，果皮未成熟时为绿色，成熟后为棕绿色或绿褐色，茶果成熟后果壳开裂、茶籽落地，茶籽多为棕褐色或黑褐色。果实通常有三室果、双室果、单室果等。

二、茶树的特性

1. 茶树对外界环境的要求

茶树喜欢温暖、湿润的气候和肥沃的酸性土壤，耐阴性较强，不喜阳光直射。

(1) 气温。一年中，茶树的生长期是由温度条件支配的，最适宜茶树新梢生长的温度是20~30 ℃，高于或者低于这个温度区间，茶树新梢的生长速度就比较缓慢。茶树处于过高或者过低气温的时间长短决定其受害程度。一般气温持续保持在-10 ℃以下时，茶树就可能受到冻害。不同的茶树品种耐受最低临界温度的差异较大，一般来说，灌木型中、小叶种茶树耐受低温的能力较强，其最低生长气温一般限定在-10~-8 ℃，乔木型大叶种茶树则较弱，一般限定在-3~-2 ℃。茶树的生存最低温度则更低一些。如果持续保持在35 ℃以上的高温时，茶树新梢就会出现枯萎和叶片脱落的现象。通常，茶树能够耐受的最高温度是35~40 ℃，生存临界温度为45 ℃。

(2) 雨量。年降雨量在1 500 mm左右时最适宜茶树生长，一般在茶树生长期中平均每月降雨量有100 mm即可。

在茶树的生长期中，一般夏季需水量最多，春秋两季次之，冬季最少，如果不能满足这一水量需求规律，不仅茶树的生长会受到限制，而且还会影响茶叶的产量和品质。在空气和土壤水分不足的情况下，茶树的芽叶和枝条生长停滞，叶片易硬化粗老。

(3) 土壤。土壤是茶树赖以生存的基础，茶树为深根植物，土层深厚、土质疏松、排水和通气较好的壤土适宜茶树生长，而沙土和黏土则并不适宜。适宜茶树生长的土壤为pH值4.0~5.5的偏酸性土壤。

2. 茶树分枝性

茶树分枝性强，在自然条件下一年可发新梢2~3轮，在采摘条件下一般一年可发新梢4~8轮，个别地区可达12轮。新茶树种植后，3年即达到成熟期，可以采摘茶叶。

三、茶树的繁殖

茶树繁殖分有性繁殖与无性繁殖两种。有性繁殖是利用茶籽进行播种，也称为种子繁殖。无性繁殖也称为营养繁殖，是利用茶树的根、茎等营养器官或体细胞，在人工创造的适当条件下使之形成一株新的茶苗。

1. 有性繁殖（种子繁殖）

有性繁殖的方法有两种，即苗圃育苗和茶园直播。

(1) 苗圃育苗。苗圃育苗便于苗期管理和培养优良苗木，其方法为：选择土壤肥沃和结构良好的土地为苗圃，筑畦并施足基肥；将经过催芽处理的茶籽单粒条播或条式穴播，茶籽播种后随即盖土4~6 cm，茶苗出土前用稻草覆盖；茶苗出土后，夏季进行遮阴，在第二年春季茶芽萌动前或秋季生长停止后起苗移栽。

（2）茶园直播。茶园直播就是将催芽处理后的茶籽条式穴播，直接播种在新辟的茶园内。

2. 无性繁殖（营养繁殖）

茶树无性繁殖可采用扦插、压条、分株、嫁接等方法，一般多采用扦插繁殖。

（1）扦插前的准备

1）选择地形平坦、土质疏松肥沃的酸性土壤区域作为苗圃，筑畦，搭遮阴篷。

2）选择品种优良、生长健壮的茶树，剪取其枝条表皮呈红棕色、腋芽膨大的枝条为插穗，剪取具有一个腋芽和一片健全叶片的部分为一个插穗，剪口必须平滑，切忌开裂。插穗上端的剪口应离叶柄3~4 mm，与叶片生长相同方向剪成斜面，下端的剪口也应是斜面并与上端剪口平行。

（2）扦插。扦插前先在畦面上喷水，使5~6 cm深的土壤充分湿润，待稍阴干后，按行距6~8 cm、株距2~3 cm进行扦插。

（3）扦插后的管理。扦插后应遮阴，扦插后至生根时（30~40天）每天早晚洒一次水，生根后一天洒一次水，扦插后50~60天茶苗生根2~3 cm时进行施肥，施肥遵循“少量多次，先少后多，先稀后浓”的原则。

四、茶园管理

茶园管理是茶叶生长过程中必不可少的工序，直接关系到茶叶的产量和品质。茶园管理包括茶园耕锄、茶园施肥、茶树修剪等。

1. 茶园耕锄

我国茶区茶农有句俗话为“茶地不挖，茶芽不发”，这说明茶园耕锄的重要性。茶园耕锄可消除杂草，改良土壤结构，杀虫灭菌等。茶园耕锄大致分春、夏、秋3次，春夏进行浅耕，深度约为10 cm，秋季进行深耕，深度为20~30 cm。

2. 茶园施肥

茶园施肥是茶园管理中主要的一环。人们每年要从茶树上多次采摘大批青叶，造成茶树营养大量消耗，这就需要不断地给茶树补充养料，否则会导致茶树的树势衰退，影响茶叶的产量和品质。茶园施肥的原则：以有机肥为主，有机肥和化肥相结合施用；以氮肥为主，磷肥、钾肥相配合；在秋末冬初结合深耕施基肥（有机肥），在采摘季节施追肥（化肥）。

3. 茶树修剪

茶树修剪是培养茶树高产优质树冠的一项重要措施，合理修剪不仅能提高茶叶的产量和品质，而且还能使树冠适应机械化采茶作业，提高劳动生产率。修剪的方法分为以下五种。

（1）定型修剪。幼年茶树通过定型修剪，促进茶树侧枝生长，为培育宽阔的树冠打下良好的基础。一般定型修剪要经过 3 次，第一次定型修剪在茶苗达到二足龄时进行，修剪时间以春季茶芽萌发之前为好，秋后降霜之前次之。

（2）浅修剪。浅修剪也称为轻修剪，是在定型修剪的基础上进一步加强树冠上部枝条高度和密度控制，以达到一定程度上的合理树形。

（3）深修剪。茶树经过几年的浅修剪和采摘以后，树冠上的枝条过于密集和细弱，为更新采摘面的枝条，在原有的修剪面上进行较深的修剪，使枝条育芽能力继续提高。

（4）重修剪。对于虽还有一定产量但已趋向衰老的茶树，可剪去其树冠上大部分粗老的茶枝，使其迅速恢复枝条的生长。

（5）台刈。对于产量显著下降的衰老茶树，可把树冠的绝大部分枝条或全部枝条齐根剪掉，使其从根颈处生长出新的枝条，使茶树重新恢复生机。

五、茶叶采摘

从茶树新梢上采摘芽叶，制成各种成品茶，这是茶树栽培的最终目的。鲜叶采摘在某种程度上决定着茶叶的产量和成品茶的品质。

1. 合理采茶

合理采茶是实现茶叶高产优质的重要措施。我国制茶种类很多，制法各异，对鲜叶的要求也各不相同，因而形成不同的采摘标准和采摘方法。总的来说，合理采茶大体可分为以下三个方面。

（1）标准采

1）细嫩的标准。名优茶品质优异，经济价值高，因此对鲜叶的嫩度和匀度均要求较高，很多只采初萌的壮芽或初展的一芽一叶。这种细嫩的采摘标准，产量低，劳动力消耗量大，季节性强，多在春茶前期采摘。

2）适中的标准。我国的内外销红绿茶是茶叶生产的主要茶类，其对鲜叶原料的嫩度要求适中，采一芽二三叶和同等幼嫩的对夹叶。这是较适中的采摘标准，全年采摘次数多，采摘期长，量质兼顾，经济效益较高。

3）偏老的标准。这是我国传统的特种茶类的采摘标准（如青茶的采摘标准），是待新梢发育即将成熟，顶芽开展度 8 成左右时，采下带驻芽的三四片嫩叶。这种偏老的采摘标准，全年采摘批次不多，产量中等，产值较高。

4）粗老的标准。黑茶等边销茶类，对鲜叶的嫩度要求较低，待新梢充分成熟后，新梢基部呈红棕色已木质化时，才刈下新梢基部一二叶以上的全部新梢。这种较粗老的采摘标准，全年只能采一二批，产量虽较高，但产值较低。

（2）适时采。根据新梢芽叶生长情况和采摘标准，及时、分批地把芽叶采摘下来。分批多次采摘是贯彻适时采的具体措施，是提高茶叶品质和产量的重要一环。根据茶树茶芽发育不一致的特点，先达到标准的先采，未达到标准的待茶芽生长达到标准时再采，这样对提高鲜叶产量和茶树生长都是有利的。

（3）留叶采。实行留叶采，可使茶树生长健壮，不断扩大采摘面，是稳定和提高产量和质量的有效措施。

2. 采摘方法

茶叶采摘方法有手采和机采两种。目前，我国在春茶前期的名优茶加工中，还是以手采为主。春茶后期、青茶、外销大宗红绿茶和边销茶，大部分以机采为主。手采的方法对茶树的生长和成品茶的品质影响很大。手采主要有以下三种方法。

（1）掐采。掐采即折采，是最仔细的采法。采茶时，左手按住枝条，用右手的食指和拇指的指尖，把新的芽尖或一芽一叶的芽叶，轻轻地提拉翻转并采摘下来，俗称“提手采”。幼嫩的芽叶都应用此法采摘。

（2）直采。直采是用拇指和食指夹住幼嫩芽叶，手掌向上稍微着力，芽叶便落于掌心，摘满一手掌后随即轻轻放入采茶篮中。

（3）双手采。双手采即双手都应用直采的方法采摘，其优点是采茶速度快，采摘量多。

六、鲜叶的装运、验收与存放

做好鲜叶的装运、验收与存放，不仅对指导采茶工合理采茶、按级盛装以及按级按量计工有很大作用，而且也是提高茶叶品质的重要措施。

1. 装运

鲜叶从茶树上采下后，内部即开始发生理化变化。为了使鲜叶保持新鲜，不至于引起劣变，必须合理而及时地将鲜叶按级分别盛装，运送到加工茶厂。在装运时，鲜叶不能装压过紧，以免叶温升高劣变，因此不能用不通风的布袋或塑料袋盛装，幼嫩的芽叶多用竹篾编制的有小孔通气的竹篓盛装，将鲜叶松散地装入篓内，不能紧压。外销大宗红绿茶、青茶、边销茶等，其鲜叶的嫩度不高，多采用非密封的布袋或者编织袋进行转运。同时，装运工具要保持清洁，不能有异味，并应尽量缩短运送时间，做到采下鲜叶随装随运。

2. 验收与存放

鲜叶运送到加工茶厂后，收叶人员要及时验收，根据鲜叶的嫩度、匀度、净度、新鲜度等因素，评定等级，过磅称重，分级摊放。摊放鲜叶的场所应阴凉、清洁、空气流通。鲜叶摊放的厚度春茶以15~20 cm为宜，夏秋茶以10~15 cm为宜。摊放的鲜叶要随时检查叶温，并适当进行翻拌。翻拌时，动作要轻柔，以免鲜叶受伤变红。

第5节　茶叶加工

一、我国茶叶的分类

我国茶叶生产历史悠久，种类丰富多彩，居世界之冠。我国茶叶不仅种类很多，名称也很复杂，因此茶叶行家们有句俗话为“茶叶喝到老，茶名记不了”。

过去，我国茶叶分类方法不统一，有的以产地分，有的以采茶季节分，有的以制作方法分，有的以销路分，有的以品质分，这些分类方法都不够完整。现在对茶叶的分类，基本上是根据茶叶制作方法，结合茶叶品质特点来分类，具体分为基本茶类和再加工茶类。

1. 基本茶类

基本茶类即绿茶、红茶、青茶、黄茶、白茶、黑茶六大茶类。

（1）绿茶。绿茶由于加工方法不同又分为以下四类。

1）炒青绿茶。炒青绿茶是用高温锅炒或滚筒杀青，并经过揉捻和干燥的绿茶，如外销绿茶中的眉茶、珠茶等，内销绿茶中的龙井茶、碧螺春、大方、炒青茶等。

2）烘青绿茶。鲜叶用高温锅炒或滚筒杀青，并经过揉捻和烘干的绿茶称为烘青绿茶，如浙烘青、滇烘青、徽烘青等（通常作为窨制花茶的原料茶），另如黄山毛峰、云南毛峰、太平猴魁、庐山云雾等。

3）晒青绿茶。鲜叶经过杀青、揉捻以后，全部或主要采用日光晒干的绿茶称为晒青绿茶，如滇青、陕青、川青、黔青、桂青等，主要用作加工紧压茶的原料。

4）蒸青绿茶。在加工工序中，采用蒸汽导热杀青的绿茶称为蒸青绿茶。蒸青绿茶具有色绿、汤绿、叶绿的“三绿”特点，产于湖北、浙江、安徽、江西等省，如玉露、煎茶等。

（2）红茶。红茶属于全发酵茶，鲜叶经过萎凋、揉捻、发酵、烘干等工艺过程，茶汤和叶底都呈红色，根据其制作方法的不同，又分为以下三类。

1）工夫红茶。工夫红茶是我国传统的出口茶类，加工精细，成品分为正茶与副茶。正茶以产地命名，分列级别，如祁红工夫、闽红工夫、滇红工夫、川红工夫、浮红工夫、越红工夫等。副茶包括碎茶、片茶和末茶。

2）小种红茶。小种红茶是福建省的特产，叶形较工夫红茶粗大、松散，具有特殊的松烟香，产于福建省武夷山市星村镇桐木关一带的称为“正山小种”，福建其他地区将粗大的工夫红茶用松木烟熏，称为“烟小种”。

3）红碎茶。红碎茶是国际规格的商品茶，鲜叶经过萎凋后，用机器揉切成颗粒状（或碎片状），然后经发酵、烘干而制成。精制加工后，红碎茶又分为叶茶、碎茶、片茶和末茶等。我国于1956年开始试制，其特点是冲泡时茶汁浸出快，浸出量大，滋味浓强。我国红碎茶主产于四川、云南、广东、广西、海南、湖南、湖北等地。云南、广东、广西、海南用大叶种为原料加工的红碎茶品质最好。

（3）青茶。青茶又称乌龙茶，属于半发酵茶，其基本加工工艺流程为晒青、晾青、摇青、杀青、揉捻、干燥。青茶的特点是既具有绿茶的清香和花香，又具有红茶醇厚的滋味，外形条索粗壮，色泽青灰有光，汤色清澈金黄或橙黄，滋味浓醇鲜爽，叶底呈绿叶红镶边。

青茶是我国特产，产于福建、广东、台湾三省。青茶因茶树品种不同而形成各自独特的风味。不同产地的青茶品质差异十分显著，青茶分为以下五类。

1）武夷岩茶。它是福建武夷山的特产，因其茶树多生长在岩上的土壤中，故名岩茶，又分为以下两种。

①特种岩茶，如水仙、大红袍、铁罗汉、乌龙等。

②一般岩茶，如单丛奇种等。

2）闽北青茶。产地以福建武夷山、建瓯为中心，品种有水仙、乌龙等。

3）闽南青茶。产地以安溪为中心，以茶树品种命名，如铁观音、毛蟹、黄金桂、本山等。

4）广东青茶。产地以广东饶平、丰顺为中心，品种有水仙、浪菜、凤凰单丛等。

5）台湾青茶。产地分布在台湾台北、新竹、南投等县，品种有乌龙、包种等。

（4）黄茶。黄茶属于轻发酵茶，基本工艺流程近似绿茶，在制作过程中加以闷黄，具有黄汤黄叶的特点，其品种有君山银针、蒙顶黄芽、平阳黄汤、霍山黄芽、皖西黄小茶、沩山毛尖、远安鹿苑、海马宫茶、霍山黄大茶、广东大叶青等。

（5）白茶。白茶是福建特产，成茶外表披满白色茸毛，呈白色隐绿。白茶制作时只经萎凋和晒干（或烘干）两个过程，以保持茶叶的原形，品种有银针、白牡丹、贡眉、寿眉等。

（6）黑茶。黑茶制作时经过杀青、揉捻、渥堆、干燥等过程，成茶外形油黑，汤色橙黄，叶底黄褐，主要用作紧压茶的原料，如安化黑茶、四川边茶、湖北老青茶、普洱茶、六堡茶等，产于湖南、四川、湖北、云南等省。

2. 再加工茶类

以基本茶类为原料进行再加工的产品，统称为再加工茶类，主要包括花茶、紧压茶、速溶茶、罐装茶、保健茶、造型工艺茶等。

（1）花茶。花茶主要以成品茶为原料，经过整形后，加入香花窨制而成，主产于福建福州、浙江金华、安徽歙县、四川成都、江苏苏州、广西横县等地。品种有茉莉花茶、玉兰花茶、珠兰花茶、玫瑰花茶、柚子花茶等。

（2）紧压茶。紧压茶以已制成的红茶、绿茶、黑茶的毛茶为原料，经过筛分、拼配、蒸汽沤堆、压制定型、干燥等工序制成。我国目前生产的紧压茶主要有黑砖茶、花砖茶、沱茶、普洱茶、米砖茶、六堡茶、茯砖茶、青砖茶等。

（3）速溶茶。速溶茶以茶叶为原料，用沸水提取茶叶中的水溶性成分，经过滤去除茶渣获得茶汁而制成。

（4）罐装茶。罐装茶是将茶汤加一定量抗氧化剂后装罐或装瓶，密封杀菌而制成，即开即饮，饮用方便。

（5）保健茶。用茶叶和某些中草药拼配后制成各种保健茶，使本来就具有保健作用的茶叶增强了养生保健的功效。

（6）造型工艺茶。为增加茶的文化价值，近年来全国各产茶区（特别是湖南、云南、福建、安徽、江西等省）研制开发并生产了许多造型工艺茶，使千姿百态的中国茶更加灿烂夺目，大大丰富了茶叶市场，深受广大爱茶人青睐。

生产造型工艺茶很费工夫。有的是在初制过程中完成造型，有的是用成品茶再加工完成。目前市场上有两种方法生产造型工艺茶：一种用紧压造型而成，与边销紧压茶生产工艺一样，只是原料更好，造型更美，体积更小，形状各异，多姿多彩，有方形、圆形、球形、沱形、元宝形等，有的像荔枝，有的像珍珠。这类造型工艺茶只能欣赏干茶，一经冲泡，茶叶舒展后与其他普通茶一样。另一种造型工艺茶是在初制过程中用人工结扎造型而成，比较耗费工夫，它不仅可以欣赏干茶，冲泡后茶叶慢慢舒展，渐渐会显示出各种美丽的造型图案，有的像龙须、绣球，有的像牡丹花、玫瑰花、菊花，有的像海贝吐珠，有的像情侣相依，令人陶醉。这类茶很受海内外旅游者欢迎。

二、制茶工艺的演变

1. 萌芽

由发现野生茶树到唐代茶普遍作为饮料，中国茶叶制作经过很复杂的变革。人们对茶叶的利用开始是咀嚼鲜叶，生煮羹饮，然后是晒干或烘干，饮用时碾末冲泡，这是制茶工艺的萌芽。

2. 发展

到了唐代，茶已成为人们普遍的饮料。为了消除茶饼的青臭味，人们发明了蒸青茶制法，即将鲜叶蒸后，捣碎制饼穿孔，穿串烘干，茶叶品质有了很大提高。自唐至宋，贡茶兴起，促进了茶叶新产品的不断涌现，制茶技术也不断得到革新和提高，由蒸青团（饼）茶，改为蒸青散茶，饮用时也不再需碾碎，而是全叶冲泡。在此期间，人们创造了炒青技术。到了明代，炒青茶的制法日趋完善，其制法大体是高温杀青、揉捻、复炒、烘焙至干，与现代炒青绿茶制作工艺非常相似。明代以后，在生产炒青绿茶的基础上，由于加工工艺的不断改进，相继产生了新的茶类，如黄茶、红茶、青茶等。

三、茶叶制作技术

从茶树上采摘下来的芽叶叫作鲜叶，又称生叶、青叶、茶菁、茶草。鲜叶只有经过加工制成各类茶叶，才适宜饮用和储藏。这种经过加工而制成的成品叫茶叶，简称茶。目前我国的茶叶制作分两大过程，即由鲜叶处理到干燥为止的一段过程，叫作初制，其成品称为毛茶。毛茶再经过加工处理的过程，叫作复制，也称精制，其成品称为精制茶。这里主要介绍各类茶叶的初制工艺。

1. 绿茶的初制工艺

我国是世界绿茶的主产国，我国绿茶产量占世界绿茶总产量的65%左右，出口量占世界贸易量的75%，由此可见我国绿茶生产在世界茶叶生产中的重要地位。

绿茶按加工方法可分为四类，即炒青绿茶、烘青绿茶、晒青绿茶、蒸青绿茶，它们的加工原理和技术要求基本相似。绿茶的初制工艺分为杀青、揉捻、干燥三个过程，在这里仅以炒青绿茶初制工艺为例进行介绍。

（1）杀青。杀青是绿茶初制的第一道工序，也是决定绿茶品质的关键。所谓杀青，就是用高温破坏鲜叶中酶的活性，制止酶促进鲜叶内含物的氧化，以保持固有的绿色。

1）杀青的目的。杀青的目的有三个方面。

第一，利用高温破坏鲜叶中酶的活性，制止酶促进鲜叶中各种内含物的氧化，以保持固有的绿色，形成绿茶特有的香味和色泽。

第二，使鲜叶内的水分在高温作用下大量汽化散去，叶细胞张力降低，鲜叶的叶质变柔软，便于揉捻作业的进行。

第三，在高温作用下，低沸点的青气物质大部分挥发散失，高沸点的芳香物质得以透发显现，有助于散发鲜叶青气，提高茶香。

2）杀青的方法。杀青的方法有炒青、蒸青等多种。我国绿茶加工大多采用滚筒或者炒锅进行杀青。蒸青是我国古代所采用的杀青方法之一。

①蒸青是用高温蒸汽来达到杀青的目的，可以在较短的时间内破坏酶的活性。但在高温蒸汽下，叶绿素也极易被破坏，如果时间稍长，叶色即变黄，同时香气低闷。因此，蒸汽杀青的时间控制很重要，一般为 1～2 min。

②炒青是用锅炒或者滚筒杀青。由于各类茶叶的品质要求和各地生产习惯的不同，操作方法不尽相同。杀青的锅有斜锅和平锅两种，滚筒用燃煤、燃柴加热或电加热。炒茶前需先清洁杀青用的所有工具，以免影响茶叶品质。

每锅每次投叶量由鲜叶老嫩程度、含水量、锅子容量、温度等情况决定。嫩叶及含水量多的鲜叶，投叶量要少些；老叶及含水量少的鲜叶，投叶量要多些。叶量过少，则叶片接触锅的机会多，水分蒸发快，叶片易炒焦；叶量过多，翻炒不易均匀，芽叶接触锅的机会不一致，就会造成杀青程度不均。

锅温根据制作茶类、鲜叶老嫩程度及含水量而定，一般炒青绿茶用的杀青锅锅口直径 0.7 m 左右，锅温 220～260 ℃，投叶量 1～1.5 kg。鲜叶下锅后需迅速翻炒，先抖炒约 1 min，再焖炒约 2 min，最后抖炒约 3 min，共杀青 6 min 左右即可起锅。

3）杀青程度的检验。杀青必须适度，杀青不足或杀青过度均不好。杀青不足，酶继续活动，叶梗易发红，有青气，味青涩，叶片韧性差，揉捻时易破碎，茶汁易流失；杀青过度，香味平淡，叶底变暗，叶片水分蒸发过多，叶片硬脆，易破碎。杀青要求叶片均匀透熟，叶质柔软带黏性，手捏茶叶成团，有些粘手，叶色变暗失去光泽，嫩梗曲折不断，青气消失，发出茶香。

（2）揉捻

1）揉捻的目的。揉捻是形成干茶形状的基础工序。揉捻使茶叶卷紧成条，形成良好的外形。同时，适当揉破叶细胞，使茶汁流出黏附于叶表面，利于茶叶成条，冲泡时也能增加茶汤的浓度。

2）揉捻的方法。可手工揉捻，也可用揉捻机揉捻。绿茶的揉捻工艺有冷揉与热揉之分。冷揉就是将杀青叶摊凉，使热气适当散发，保持杀青叶鲜爽的香气和翠绿的色泽，并使叶中的水分分布平衡，变为柔软后进行揉捻。热揉即鲜叶杀青后，不经摊凉而趁热揉捻。嫩叶宜采用冷揉，因嫩叶纤维少、韧性大，水溶性果胶含量多，易形成条索，且嫩叶冷揉能保持黄绿明亮的汤色和嫩绿的叶底。老叶因纤维多，叶质粗硬，宜采用热揉，利用纤维素受热变软的特性，有利于老叶揉紧成条，减少碎末茶，同时粗老叶的淀粉含量较多，热揉利于淀粉的继续糊化并与其他物质混合，增加叶表面的黏稠性，从而利于成条，提高外形品质。

揉捻过程中，需要加压。加压的轻重与时间、茶叶条索的松紧、叶细胞的破碎程度及内质的色、香、味均有很大的关系。整个揉捻过程中加压原则应该是“轻—重—轻”，开始揉捻的 5 min 内，应该加盖“空揉”，待叶片逐渐沿着主脉初卷成条后再加重压，促进条索形成和细胞的破碎，待茶汁揉出后再加轻压，回收茶汁并使茶条吸收，以免流失。

绿茶的揉捻程度要根据成茶规格、销售对象、饮用习惯而定。一般绿茶要求多次冲泡，同时不要求茶多酚的酶促氧化降解，因此在揉捻过程中不需要大量破坏细胞，否则会使茶汤滋味苦涩、混浊，不耐冲泡。但细胞破碎程度不够，会使条索不紧、茶汤滋味淡薄。一般绿茶揉捻程度以细胞破碎率在 45%~55%为宜，主要依茶类而定。例如，外销的眉茶和珠茶要求香高味浓，揉捻程度要较重；内销茶要求滋味醇和，揉捻程度宜轻；高级龙井等内销名茶，鲜叶较细嫩，因此都不经过专门的揉捻工序。

3）解块筛分。杀青叶经过揉捻后，易结成团块，需经抖筛机进行解块筛分，解散团块，降低叶温，以使茶条挺直均匀一致，并保持绿茶清汤绿叶的品质特征。

（3）干燥

1）干燥的目的。经揉捻解块后，茶坯中含有 60%左右的水分，既不利于保持品质，也不利于储藏运输，因此必须干燥以固定其品质。干燥不仅可继续破坏叶中残余酶的活性，进一步散发茶香，而且可固定揉捻后的外形条索，并在炒干过程中采用不同的手法以制作成茶的特殊形状，如龙井茶的扁平形、碧螺春的螺旋形、雨花茶的针形、珠茶的圆珠形等。

2）干燥的方法。绿茶的干燥方法分为炒干、烘干、晒干等。炒干的称炒青、烘干的称烘青、晒干的称晒青，干燥方法不同，其成茶品质也各异。绿茶的干燥一般分两次进行，即初干与再干。下面具体介绍炒青绿茶的干燥方法。

①炒青绿茶初干时，先用烘干机进行烘干品质较好。揉捻适度的湿茶坯尚含有较多的水分，如直接用炒锅炒干，其茶汁易黏结在锅壁而形成锅焦，产生焦烟气味，焦末黏附在叶上，冲泡后则汤色混浊，影响茶叶品质。初干采用烘干机烘干，可避免上述不良影响。

烘干时必须注意，摊叶要求薄而均匀，且需及时翻烘，使茶叶受热均匀，干燥程度一致。烘干的控制：烘笼小于等于 90 ℃，烘干机 95~110 ℃，时间 10~20 min，烘至手捏叶不黏、叶片尚软可成团、茶叶含水量在 35%~40%，即可下烘摊凉。

②摊凉的目的是让茶条内外水分重新扩散分布平衡，以利于再干时能达到干燥程度均匀一致，避免外干内湿。摊凉时，摊叶厚度约 3 cm，摊凉时间以 30 min 左右为宜。使用炒茶锅进行炒青绿茶的再干，一般品质较好。手工炒茶时，通常用直径 60 cm 的炒锅，投

入初干叶1～1.5 kg，锅温保持100～110 ℃。初干叶下锅后，双手勤翻抖茶叶，使水分快速散去，到茶叶不粘手时，适当降低火温，改变手法，用滚炒做条，使茶条挺直而紧结。做条时温度应慢慢降低，手势也应逐渐减轻，炒约30 min，至条索较紧、略有弹力即为适度，含水量20%左右时可起锅摊凉。

③炒青绿茶干燥的最后一道工序是辉锅。辉锅的目的是继续整形，使茶条进一步紧结，茶条表面产生均匀的灰绿色。辉锅开始时的锅温在90～100 ℃，以后逐渐降低到60 ℃左右，耗时30～40 min，炒至手捏茶条呈粉末状、含水量5%～6%时即可起锅，稍经摊凉后收藏于密闭的容器中。

2. 红茶的初制工艺

红茶的制作分初制和精制两个阶段。红茶初制工艺包括萎凋、揉捻（揉切）、发酵、干燥四道工序。

（1）工夫红茶的初制工艺

1）萎凋。萎凋是指将采下的鲜叶摊放，使其失去部分水分、叶质变柔软的工序。从茶树上采下的鲜叶一般含水量在76%左右，叶质硬脆，不仅直接揉捻时易破碎，而且茶汁易随水分流失，直接揉捻会降低品质，因此需经过萎凋，蒸发一部分水分，降低叶细胞的张力，使鲜叶变柔软，为揉捻创造条件。此外，鲜叶经过萎凋失去一部分水分，细胞汁浓度提高，萎凋叶中酶的活性随之增强，引起内含物的一系列化学变化，为形成红茶色、香、味的特定品质奠定基础。萎凋可分室内自然萎凋与萎凋槽萎凋两种。

室内自然萎凋指在萎凋室内装设萎凋架，架上设置多层萎凋帘，帘间距离约20 cm，鲜叶以每平方米0.5 kg均匀摊放在帘上萎凋。适宜温度为20～24 ℃，适宜相对湿度为70%左右，在这种条件下，萎凋需历时18～24 h。

萎凋槽萎凋是在特制的萎凋槽内进行，槽长10 m，宽1～1.5 m，高0.8 m，槽底有匀温坡度及加热鼓风设备，槽面设置盛茶帘，鲜叶以每平方米2～2.5 kg均匀摊放在帘上，摊叶厚度一般不超过20 cm，槽下送凉风或热风加速水分的蒸发，送风量“先大后小”、风温“先高后低”。适宜的热风温度为30～32 ℃，最高不可超过35 ℃，萎凋时间一般为3～6 h。萎凋叶含水量为60%～62%，叶片柔软，嫩茎手折不断，手握茶叶成团，松手不易散开，叶色由鲜绿变为暗绿，叶面失去光泽，有清香，即为萎凋适度。

2）揉捻

①揉捻的目的。工夫红茶的揉捻目的有三个。

第一，破坏叶细胞组织，揉出茶汁，便于萎凋后的鲜叶在酶的作用下进行必要的氧化。

第二，使茶汁溢出，粘于茶叶的表面，增加滋味。

第三，使芽叶卷紧成条，达到工夫红茶外形的规格要求。

②揉捻的方法。揉捻时，应根据原料的老嫩程度、揉捻机的性能和气温，灵活掌握揉捻时间的长短、加压的轻重和揉捻的次数。揉捻加压应掌握“轻—重—轻”的规律。嫩叶或轻萎凋叶应轻压，揉捻时间可稍短；老叶或重萎凋叶应适当加压，揉捻时间稍长。气温高，揉捻时间宜短；气温低，揉捻时间宜长。一般揉捻 1 次或 2 次。

③解块筛分。鲜叶在揉捻过程中易黏结成团，要进行解块筛分，打破团块。降低温度，用筛子筛后，筛底茶坯可进行发酵，筛面茶条较粗松，可再度揉捻。

④揉捻程度。查看揉捻程度有以下两种方法。

第一，观察。芽叶卷紧成条，用手紧握茶坯时有茶汁外溢，茶坯局部变红，并散发较浓的青气，即可初步断定揉捻适度。

第二，生化检验。以 10%的重铬酸钾溶液浸揉捻叶，5 min 后用水洗净药剂，展开叶片，细胞破碎部分为黑褐色，未破碎部分仍保持原来的绿色，从染色程度测定叶细胞破碎率，达到 80%以上即为揉捻适度。

3）发酵。发酵是指经过揉捻的叶片的化学成分在有氧情况下氧化变色，从而形成红茶红叶、红汤的品质特点的过程。发酵是在发酵室内进行的。

①发酵的目的。发酵是一个复杂的生物化学变化的过程，主要是鲜叶的细胞组织在揉捻过程中受到损伤，使其中的多酚类物质得以与内源氧化酶类接触而发生酶促氧化聚合作用，生成茶黄素和茶红素，其他化学成分也同时相应地发生变化，形成红茶特有的色、香、味。

②发酵的条件

a. 温度。发酵时的温度一般由低到高，最高不得超过 28 ℃，最适宜的温度为 22～24 ℃，并应随时注意叶温的变化。

b. 湿度。发酵室内的相对湿度应保持在 95%～98%，当相对湿度低时，可用喷雾器喷水于墙面上、窗帘上，以提高相对湿度，但不能有水滴入叶内。

c. 通气。发酵是多酚类物质的氧化过程，需要消耗大量氧气，因此发酵室应保持空气流通，以保证空气中氧气供给充足。

③发酵的方法。先将木制或竹制的发酵盘（盘高约 15 cm）用清水浸湿，然后将经过解块筛分的揉捻叶按 4～8 cm 的厚度摊放在盘内，上覆湿布，注意湿布不可与茶叶接触。工夫红茶的发酵时间为：春茶 2～3 h，夏茶约 1.5 h。红碎茶的发酵时间为 80～90 min。

④发酵程度的检查。红茶发酵的原则是“宁可过轻，不可过度”。红茶即使发酵程度稍有不足，后续干燥工序的前期还可以加以弥补；一旦发酵过度，后续工序不但难以补救，还会加速发酵，将对红茶品质造成无法挽回的损失。

a. 现象观察。叶片、茎及叶面上的茶汁均呈黄红色，青气全部消失，有浓厚的茶香，即可认为发酵适度。

b. 物理检测。每 15 min 检测叶温 1 次，发酵叶的叶温平稳并开始下降时，即为发酵适度。

4）干燥

①干燥的目的。制止酶的活动，停止发酵，使发酵形成的品质固定下来；蒸发茶叶中的水分，缩小体积，紧缩条索，固定外形，保持足干，防止霉变；散发大部分低沸点的青气，发展红茶的特有香气。

②干燥的原则。分次干燥、中间摊凉，毛火快烘、足火慢烘，嫩叶薄摊、老叶厚摊。

③干燥的方法。红茶干燥一般分两次进行烘干，第一次称毛火烘干，第二次称足火烘干。

毛火烘干温度较高，目的是尽快钝化氧化酶的活性，防止发酵过度。一般进烘温度较高，以不超过 120 ℃为宜。因叶片含水量较高，为使水蒸气快速蒸发散失，摊叶厚度为 1.5~2 cm，不宜太厚，时间为 15 min 左右，烘干至茶坯含水量约为 25%时，下烘摊凉 30 min 左右，最多不超过 1 h，促使叶片内的水分重新分布，防止外干内湿。

足火烘干时，叶片含水量已经降低，叶温与干燥气流的温度接近，叶表面的蒸发速度最快。如果烘温过高，叶表面散发水分的速度会低于水分由叶内渗透到叶表面的速度，叶表面容易干硬，同样会发生外干内湿的现象。因此，烘干温度较低，一般在 90 ℃左右，摊叶厚度为 2~2.5 cm，时间 15 min，茶叶含水量达 5%~6%时，下烘立即摊凉，散发热气，待茶叶温度降至略高于室温时，装箱储藏。

嫩叶含水量高、吸热量大，且叶质柔软、叶间隙小、叶温升温快，为防止发酵过度，嫩叶干燥时的摊叶厚度应薄，以加快叶片的升温速度。老叶则应反其道而行之。

④干燥程度的检测。毛火烘干时，以用手握茶有刺手感和梗子不易折断为适度；足火烘干时，以用手握茶刺手，用力握即有断脆声，用手指捏茶条呈粉末状，有浓烈的茶香为适度。

（2）红碎茶的初制工艺。红碎茶的初制工艺与工夫红茶基本相似，其初制工艺分为萎凋、揉切、发酵、干燥四道工序，除揉切工序外，其余均与工夫红茶初制工艺相同，但各工艺的技术指标不相同。

1）萎凋。红碎茶大多采用萎凋槽萎凋，萎凋程度根据揉切机具而定：用转子机加工，其萎凋叶含水量为 59%~61%；用 CTC 机（碾碎、撕裂、卷曲机）加工，萎凋叶含水量为 68%~72%。

2）揉切。揉切是红碎茶初制工艺中的主要工序之一，由于揉切采用的机具不同，工艺技术不相同，产品的外形、内质也不相同，我国除海南省茶厂利用进口 CTC 机加工外，其余各省茶厂大多采用转子机加工。

①转子机制法。将萎凋叶由输送带输入转子机内进行揉切，其优点是生产效率高、颗粒较紧结、成茶鲜强度较好，但是茶坯在转子机中因受到强烈的挤压和绞切而产生高温，在短短的几分钟内茶坯升温 5~10 ℃，给发酵带来不利影响。

②CTC 机制法。CTC 机是一种对萎凋叶进行碾碎、撕裂、卷曲的双齿辊揉切机。两个齿辊反向内旋转，转速相差 10 倍，分别为 70 r/min 和 700 r/min。切碎颗粒大小以喂粒辊和搓撕辊齿隙而定，齿隙最小距离为 0.05 mm，最大不超过 0.2 mm。茶坯通过喂粒辊进入两辊相交的切线位置时，被高速搓撕、碾碎而成为颗粒，揉切作用强烈而快速，叶温瞬间上升，但由于齿辊是敞开的，其升温在输送带上即可散失。CTC 机对鲜叶的嫩度要求较高，同时齿辊容易磨损，每作业 200 h 需清洗一次，以保持齿的锋利。

3）发酵和干燥。其方法与工夫红茶相似，不再详述。

3. 青茶的初制工艺

青茶又称乌龙茶，其制作工序概括起来可分为萎凋（晒青和凉青）、摇青、杀青、揉捻、烘焙和包揉、干燥等。

（1）萎凋

1）晒青。晒青是萎凋的一种方式，也称日光萎凋，方法是：先将鲜叶薄摊在水筛或篾垫上，然后放在日光下进行萎凋。日光不宜强烈，一般上午采摘的鲜叶在 10 点前或 15—16 点日光较弱时进行晒青，以气温 20~25 ℃、无大风为宜。晒青时间应根据实际情况灵活掌握，一般不超过 1 h，减重率 5%~15%，为晒青适度。如遇天气阴雨，则应采用室内加温萎凋。

2）凉青。经晒青或烘青后的萎凋叶，移至室内阴凉通风处，翻松后静置摊凉，一方面散发热量使叶温降至室温，另一方面使茎梗中的水分向叶片扩散。鲜叶经凉青后又呈紧张状态，叶质由软转硬，叶色由暗转亮，凉青时间约为 1 h。

（2）摇青。摇青也称为做青，方法是：将经晒青摊凉后的鲜叶置于水筛上（或摇青机内），通过力的作用或机器的转动，使茶叶在水筛上（或摇青机内）回转运动，促使叶缘受到摩擦，破坏叶细胞组织，茶多酚物质发生酶促氧化缩合，使这一部分变红。大致要摇青 4~8 次，摇青时要掌握循序渐进的原则，转数由少到多，用力先轻后重，摇后凉青摊叶先薄后厚，凉青时间先短后长，在 8~10 h 内有控制地进行。在摇青过程中，从第二次或第三次摇青起，中间都加“做手”处理（双手收拢并捧起茶叶轻轻拍抖），以调节摇青的程度并控制叶片变红的速度。

（3）杀青。杀青也称为炒青，是利用高温破坏酶的活性，停止发酵作用，防止叶片继续变红，固定摇青形成的品质。另外，杀青蒸发一部分水分，使叶质柔软，适于揉捻。其方法主要有炒锅手工炒青、锅式杀青机杀青和滚筒杀青机杀青。

青茶的杀青不同于绿茶，因叶片含水量较少，应掌握“适当高温，投叶适量，翻炒均匀，焖炒为主，扬炒配合，快速短时”的原则，锅温为200~260 ℃，时间一般为5 min，此时叶缘卷曲，叶梗柔软，手捏叶有黏性，青气消失，散发清香，叶色转黄绿，炒青叶失水量为15%~30%。

（4）揉捻（条形青茶）。揉捻是将杀青叶反复揉搓，使叶片由片状卷成条索状，形成青茶所需要的外形，同时破坏叶细胞，使茶汁黏附叶表，以增浓茶汤。揉捻应掌握“趁热、适量、快速、短时”的原则，揉捻过程中加压要“轻—重—轻”。

（5）烘焙和包揉（球形或半球形青茶）

1）初焙。初焙主要是蒸发部分水分，以便于包揉。初焙应适当高温，以100~110 ℃为宜。初焙力求茶条干湿一致，烘至六成干，即茶条不粘手时即可包揉。

2）初包揉。手工包揉时，用约75 cm见方的白布巾将初焙的茶坯趁热包裹，在长凳上运用揉、搓、压、挤、抓的手法，边搓揉滚动，边收紧布巾的包口，使茶叶在包中翻转卷曲，揉出茶汁。包揉时，要先松后紧，用力要先轻后重，每包叶量0.5 kg左右，包揉过程中要翻拌2~3次，揉至卷曲成条，历时约3 min，将茶包打开，解散茶团散热，以免闷热过度使茶叶发黄。

3）复焙。火温掌握在80~85 ℃，焙约10 min，其中翻拌2~3次，至手握茶团微感刺手时即可起焙。

4）复包揉。手法与初包揉相同，主要是进一步整形，使茶条卷曲紧结耐冲泡。其方法是：将复焙茶叶趁热包揉2 min左右，至茶条卷曲呈螺状即可。揉捻或包揉后，应及时进行干燥，放置时间过久，茶叶易产生闷味，致使品质不佳。

（6）干燥。干燥应采取低温慢烤。闽北青茶的手工烘焙过程由毛火（走水焙）、摊凉捡剔、足火、炖火等工序组成，耗时长，劳动强度大。其中，炖火是岩茶传统制法的重要工序。烘干机烘焙分两次进行：毛火温度110~130 ℃，摊叶厚度2~3 cm，历时10 min左右，至八九成干时起焙摊凉1 h；再以足火温度90~100 ℃，焙至茶叶含水量6%左右、茶梗手折断脆、干茶色泽乌褐油润即可。

4. 黄茶的初制工艺

黄茶的制作工序为杀青、揉捻、闷黄、干燥，但揉捻并非黄茶加工必不可少的工序，如君山银针、蒙顶黄芽等就不经过揉捻。

（1）杀青。黄茶杀青应掌握“高温杀青，先高后低”的原则，并杀透、杀匀以彻底破坏酶的活性，防止产生红梗、红叶。与绿茶杀青相比，黄茶杀青要求投叶量稍多、锅温略低，杀青时“多闷少抛”，促使叶色黄变。

（2）揉捻。黄茶揉捻要热揉，有利于加速闷黄的过程。

（3）闷黄。闷黄是制作黄茶的特殊工艺，也是形成黄叶、黄汤品质特点的关键工序，即将揉捻叶堆闷，使叶色变黄，香气滋味也随之改变。根据不同的茶叶品种及其制作工艺，闷黄时间各有长短，如君山银针、霍山黄芽为2~3天，蒙顶黄芽为1~2天，北港毛尖为30~40 min。

（4）干燥。干燥方法有烘干和炒干两种，一般采用分次干燥，第一次到七八成干，第二次到足干。黄茶干燥温度偏低。

5. 白茶的初制工艺

白茶是福建特产，其制作工艺较为简单，但不易掌握。制作白茶时，要求茶多酚轻度而缓慢地氧化。经过长时间的萎凋，蒸发鲜叶水分的同时，鲜叶的呼吸作用和酶活性增强，内含物发生缓慢的水解和氧化，形成汤色嫩黄、叶底嫩白、香味新鲜的品质。

（1）萎凋。萎凋是白茶加工的关键工序，主要有室内自然萎凋、复式萎凋和热风加温萎凋。先将鲜叶薄摊在水筛内，要摊得均匀，然后放在通风的地方进行较缓慢的萎凋，直至八成干左右。萎凋过程中不能翻拌。室内自然萎凋时间一般为48 h以上，热风加温萎凋时间一般为20~36 h。

（2）干燥。萎凋至八成干的叶片品质已基本固定，可以在强烈的日光下暴晒或用焙笼烘干，直到足干为止。白茶含水量应低于6%。

6. 黑茶的初制工艺

湖南安化黑茶、四川边茶、广西六堡茶、湖北老青茶、云南普洱茶等均属于黑茶。黑茶是经过渥堆后发酵的茶类，其初制工艺各地略有不同。本书仅以湖南安化黑茶为例介绍黑茶的初制工艺，其初制工艺分为杀青、揉捻、渥堆、复揉、干燥五道工序。

（1）杀青。杀青的目的与绿茶相同：破坏酶的活性，使叶内水分蒸发散失，促使叶质变软以便于揉捻。因为黑茶原料粗老，杀青时为避免叶中水分不足而杀青不匀、不透，杀青前多采用“洒水灌浆”，即按照鲜叶与水10∶1的比例，边翻动边向鲜叶里均匀洒水。

（2）揉捻。通过揉捻，破坏叶细胞，使茶汁流出，并使叶片卷紧成条。

（3）渥堆。渥堆是黑茶加工的特有工序，目的是使揉捻叶在堆积中充分进行发酵，促使多酚类物质氧化，使其总量减少，相应地减轻了涩味。同时，使叶色转变，形成黑毛茶特有的品质特征。当叶片由暗绿色变为黄褐色、青气消除、产生酒糟味时，即为渥堆适度。

（4）复揉。复揉的主要目的是使渥堆回松的茶条，经解块后再次揉捻成条，并进一步破坏叶细胞，以提高茶的紧结度和增加茶的香味。

（5）干燥。干燥是在特砌的“七星灶”上用松柴长时间一次性烘焙，因此茶叶带有特殊的松烟香。

四、再加工茶制作

所谓再加工茶，即以成品茶为原料进一步深加工为新的品种，如花茶、紧压茶、速溶茶、液体茶等。

1. 花茶的窨制

花茶是中国特有的茶类，它以成品茶为茶坯原料，整形后加入香花窨制而成。花茶也称熏花茶、香花茶、香片。花茶有的以窨制的花类命名，如茉莉花茶、珠兰花茶、玉兰花茶、柚子花茶、玫瑰花茶等，也有的把花名或茶名连在一起，如珠兰大方、茉莉烘青、桂花乌龙等，还有的在花名前加上窨花次数，如双窨茉莉花茶等。

（1）花茶窨制原理。花茶窨制是将鲜花与茶坯拌和，在静置状态下茶叶缓慢而充分地吸附香花释放的挥发性香气物质，然后除去花朵，将茶叶烘干而成花茶。花茶加工是利用鲜花吐香和茶叶吸香两个特性，一吐一吸，使茶味花香交融，这是花茶窨制工艺的基本原理。由于鲜花吐香和茶叶吸香是缓慢进行的，所以花茶窨制时间较长。

（2）花茶窨制工艺。花茶窨制工艺分为茶坯处理、鲜花维护、拌和窨花、通花散热、收堆续窨、起花、复火、提花等工序。

1）茶坯处理。茶坯的干燥程度是影响吸收花香多少的主要因素，因此在窨花前如茶叶水分超过7%，一般要先进行复火干燥，使茶叶含水量降到4%左右，复火后的茶坯需要摊凉冷却，待叶温下降到略高于室温1~3 ℃时方可窨花。

2）鲜花维护。各类鲜花在采收、运输过程中，要严防掀压、损伤和发热，进厂后要在阴凉洁净的地方及时薄摊散热。

3）拌和窨花。拌和前，首先要确定配花量，即每100 kg茶坯用多少鲜花，配花量依据香花特性、茶坯级别以及市场的需要而定。配花的原则是高档茶坯配花量多，鲜花质量也好；中低档茶坯配花量少，鲜花质量稍差；中高等级花茶的窨次多，头窨的配花量也多，以后逐次减少。春季花和秋季花因气温低，鲜花质量较差，配花量应适当增加；夏天的“伏花”质量最好，配花量可适当减少。

茶坯和鲜花拌和时，要求混合均匀，动作轻且快。茶叶吸收花香靠接触吸收，茶与花之间接触面越大、距离越近，对茶坯吸收花香越有利。窨堆的高度也有一定要求，如茉莉花茶一般为30 cm左右。

4）通花散热。窨堆由于鲜花的呼吸作用产生热量，堆温会上升，并会产生水闷味，故经过一定时间，堆温上升到一定程度，需及时扒开窨堆，薄摊通风，翻动散热，使茶坯温度下降。否则，堆温过高，严重时会造成花萎蔫甚至黄熟，产生异味，影响花茶的质量。

5）收堆续窨。待茶坯温度下降到略高于室温时，即可收堆继续静置窨花。收堆温度应掌握适度：过高则散热不透，易引起茶香不纯爽；过低则不利于茶坯对花香的吸收。收堆的高度应略高于通花前的高度。

6）起花。通花后，续窨时间不宜过长，需适时起花，用抖筛机将茶和花分离，筛出的茶叶称湿坯，需及时复火干燥。筛出的花朵或花渣也要及时摊凉、复火干燥。

7）复火。起花后的茶坯水分含量一般可达 12%～16%，采用 100～110 ℃薄摊快速干燥方法进行复火干燥。烘干后的茶叶含水量约为 8.5%。

8）提花。提花是指在花茶窨制的最后阶段，用少量优质鲜花再窨一次，以增加花茶的表面香气，提高其鲜灵度。

2. 紧压茶的压制技术

紧压茶的压制过去多用手工操作，不仅劳动强度大，而且生产效率低；现在大都使用机器操作，从而减轻了劳动强度，提高了生产效率，且产品质量也有很大提高。紧压茶的品种很多，但其压制的主要工序基本相似。

（1）称茶。为使每块紧压茶重量一致，必须根据茶坯含水量折算后准确称茶。

（2）蒸茶。用蒸汽使茶坯蒸透、变软、增加黏性，以便压紧成形。

（3）装匣。先在匣内放好硬木衬板和金属底板，擦点茶油，以免粘匣，然后装茶入匣，趁热扒平，并盖上擦了茶油的花板。

（4）预压。将装茶坯的茶匣推到预压机下预压，预压的目的是压缩茶坯体积和成形。

（5）紧压。采用蒸汽压力机压紧茶坯。

（6）冷却定型。压紧后必须凉置冷却 2 h 左右，使形状紧实固定。

（7）退匣。按压制先后顺序依次退匣。

（8）干燥。在备有暖气的干燥室内进行，以青砖茶为例：开始 3 天室温为 35～48 ℃，相对湿度为 90%左右；中期 3～4 天室温为 40～50 ℃，相对湿度为 80%左右；后期 3～4 天室温为 55～70 ℃，直至干燥适度，停止加温，冷却 1～2 天后出烘。

3. 速溶茶的制作

速溶茶是以成品茶为原料，通过浸提、冷却、过滤、转溶、浓缩、干燥、包装等工序加工而成的一种小颗粒状、易溶于水的固体饮料。20 世纪 40 年代，随着速溶咖啡的发展，在美国首先进行了速溶红茶的试制。20 世纪 50 年代，美、英等国的速溶茶已发展成为一种新品在市场上销售。到 20 世纪 70 年代，我国也开始试制速溶茶，其制作工艺如下。

（1）浸提。工业化生产中，通常采用沸腾的去离子水或者纯净水浸泡茶叶，用来浸提茶叶中的水溶性物质。浸提时，可采用多桶密闭连续浸提的方法。通常，茶提取液中可溶物总量控制在30%左右。

（2）冷却。冷却是速溶茶加工中一个重要的工序，直接影响速溶茶的品质。茶提取液中的茶多酚等热敏性物质，受热容易氧化聚合成大分子物质，产生混浊沉淀物，对于速溶茶产品的冷溶性影响很大。因此，需要通过热交换系统将茶提取液冷却，防止其中热敏性物质的氧化聚合反应。

（3）过滤。茶提取液中含碎末和悬浮杂质，因此必须经过过滤处理。过滤处理可采用高速离心压滤机净化去除沉淀物。

（4）转溶。茶提取液中还存在一种冷却时就会产生混浊乳状物的茶乳酪，该物质不能冷溶，因此必须经过转溶处理方可符合速溶茶冰水冲饮的要求。

（5）浓缩。经净化处理后的茶提取液浓度较低，必须去除大部分水分，才能进行干燥。浓缩时，可用真空离心薄膜蒸发机进行，以达到低温、快速、保证品质的目的。

（6）干燥。目前速溶茶的干燥方法主要有喷雾干燥和冷冻升华干燥两种。

1）喷雾干燥。将浓缩液通过雾化器化成极小的雾滴，喷进密封的干燥机中，与炽热的空气进行剧烈的热交换，形成直径不同的颗粒状成品。

2）冷冻升华干燥。首先将浓缩液薄摊在不锈钢盘内，冷冻成固体冰，然后在真空低温的条件下，将水分从冰直接转化为汽而排除，浓缩液被直接干燥成固体。

（7）包装。速溶茶具有亲水性强、极易吸湿的特点，包装不好极易潮解结块，因此包装车间必须有调温和调湿设备，以控制温、湿度，并且必须密封包装速溶茶。

4. 液体茶的制作

液体茶作为一种饮料，以茶叶的可溶物为原料，经合理的加工和各具特色的包装制成。液体茶的生产扩大了茶叶的消费面，加速了茶制品生产的发展。

目前，市场上的液体茶品种较多，较流行的有冰绿茶、冰红茶、乌龙茶、茶汽水、茶可乐等。

以罐装乌龙茶为例，液体茶的加工工艺一般分为浸提、过滤、调制、加热、装罐、充氮、密封、灭菌、冷却等工序。首先，茶叶浸提用去离子水或者纯净水，茶与水的比例为1∶100，水温为80~90 ℃，浸提3~5 min，经过粗滤和细滤，冷却后即成原液。然后调成饮用浓度，加入一定量的碳酸氢钠，将茶水调成pH值为6~6.5，再加抗坏血酸钠作为抗氧化剂，防止茶水氧化，再加热到90~95 ℃，趁热装罐，并向罐内充氮气取代顶隙间的空气。最后封罐，将封好的罐放在高压锅内经115~120 ℃杀菌7~20 min，冷却后就成为成品。

测试题

一、判断题（下列判断正确的请打“√”，错误的请打“×”）

1. 我国的西南地区最早发现野生大茶树。（　　）
2. 茶字的音、形、义是印度最早确立的。（　　）
3. 茶树的枝叶由营养芽发育而成。（　　）
4. 适宜茶树生长的气温为 20~30 ℃。（　　）
5. 青茶的初制工艺为萎凋、揉捻、干燥。（　　）
6. 炒青绿茶适宜作为花茶的原料茶。（　　）

二、单项选择题（下列每题的选项中，只有 1 个是正确的，请将其代号填在横线空白处）

1. 我国茶区幅员广阔，目前茶区大致分为________。
   A. 三大茶区　　B. 四大茶区　　C. 五大茶区
2. 适宜茶树生长的土壤为________。
   A. 碱性土壤　　B. 中性土壤　　C. 酸性土壤
3. 绿茶初制杀青工序对绿茶成品品质的好坏________。
   A. 影响不大　　B. 很关键　　C. 无影响
4. 我国目前茶叶基本上是根据茶叶的制作方法、结合________来分类的。
   A. 采摘季节　　B. 茶叶品质特点　　C. 茶叶产地
5. 适宜茶树生长的年降雨量为________。
   A. 1 000 mm 左右　　B. 1 500 mm 左右　　C. 2 000 mm 左右

三、填空题（请将正确答案填在横线空白处）

1. 茶树上的芽分为营养芽和________两种。
2. 适宜茶树生长的土壤 pH 值为________。
3. 茶树________是培养高产优质树冠的重要措施。
4. 红茶初制工艺分为________四道工序。
5. 青茶摇青的目的是使鲜叶________变红。

四、简答题

1. 茶树叶片有何特征？
2. 为什么说绿茶是不发酵茶？
3. 花茶窨制是根据什么原理进行的？

测试题答案

一、判断题

1. √　　2. ×　　3. √　　4. √　　5. ×　　6. ×

二、单项选择题

1. B　　2. C　　3. B　　4. B　　5. B

三、填空题

1. 花芽　　2. 4.0~5.5　　3. 修剪　　4. 萎凋、揉捻（揉切）、发酵、干燥　　5. 叶缘

四、简答题

1. 答：茶树的芽和嫩叶的背面有茸毛。叶片有明显的主脉，沿主脉分出侧脉，侧脉数一般为7~9对，侧脉伸展至叶缘2/3的部位向上方弯曲呈弧形，与上方侧脉相连接。侧脉分出细脉，构成网状脉。叶片的边缘有锯齿，锯齿数一般为16~32对。

2. 答：因为绿茶的杀青工序是高温杀青破坏鲜叶中酶的活性，制止酶促进鲜叶中各种化学成分的氧化，以保持固有的绿色，所以绿茶是不发酵茶。

3. 答：花茶窨制原理是利用静置状态下，鲜花缓慢吐香和茶叶缓慢吸香的两个特性，一吐一吸，使茶味花香交融。

第3章

茶文化基础

引导语

天然的茶树并不产生茶文化，只有当人类食用茶叶并经过一定历史阶段之后，才逐步出现文化现象，因而才有茶文化。茶在人们的应用过程中，经历了药用、食用和饮用三个阶段。在中国人漫长的饮茶过程中，茶逐渐与人的精神生活相联系，并逐渐形成了完整的文化体系。可以说，茶的发现是中华民族对全人类的一个伟大贡献，不仅为人们提供了一种健康和滋味丰富的饮料，而且成为人们美化生活、感悟生命和修身养性的一种美好方式。

评茶员的能力在于对茶的理解不仅停留在感性的基础上，还在于对其有着深刻的理性认识，也就是对茶文化的历史演变和精神内涵有着充分的了解，只有这样才能更好地学习、把握各种茶艺技能。因此，学习本章的有关知识，对于初学评茶者是非常必要的。

本章主要介绍中国茶文化的基本特征、内涵、形成和发展过程，并结合上海地区茶文化的发展，从上海茶文化的历史资源等方面加以阐述。

学习目标

- 了解茶文化的基本含义、内部结构、基本特征、基本特点，以及形成与发展过程。
- 了解不同历史时期的茶文化及上海地区茶文化的主要特点。

第1节　茶文化概述

一、基本含义

1. 文化

文化有广义和狭义之分。广义的文化，是指人类社会历史上所创造的物质财富和精神财富的总和，也就是人类在改造自然和社会的过程中所创造的一切财富都属于文化的范畴。狭义的文化，是指社会的意识形态，即人类所创造的精神财富，如文学、艺术、教育、科学等，同时也包括社会制度和组织机构。狭义的文化是以意识形态为主要内容的观念体系，即精神文化，如文学、艺术等。

2. 茶文化

茶文化也有广义和狭义之分。广义的茶文化，是指以茶为中心的物质文明和精神文明的总和。它以物质为载体，反映明确的精神内容，是物质文明与精神文明高度和谐统一的产物，内容包括茶叶的历史发展、茶区人文环境、茶业科技、千姿百态的茶类和茶具、饮茶习俗、茶道茶艺、茶书画诗词等文化艺术形式。狭义的茶文化，则专指其精神文明部分的内容，即在使用茶叶过程中所产生的文化现象和社会现象。

二、内部结构

根据文化学的研究，文化的内部结构一般包括物质文化、制度文化、行为文化、精神文化四个层次。同样，茶文化的内部结构也有物质文化、制度文化、行为文化、精神文化四个层次。

1. 物质文化

物质文化是指有关茶的物质文化产品的总和。它包括人们从事茶叶生产的活动方式和相应的产品，如有关茶叶的栽培、制作、加工、储存、化学成分、保健研究等，也包括茶、水、具等物质实物，以及茶馆、茶楼、茶亭等实体性设施。它是茶文化结构的表层部分，是人们可以直接接触到的茶文化内容，如图 3-1 所示。

图 3-1　茶的物质与文化

2. 制度文化

制度文化是指人们在从事茶叶生产和消费过程中所形成的社会行为规范，如古代的茶政，包括纳贡、税收、专卖、内销、外贸等。

3. 行为文化

行为文化是指人们在茶叶生产和消费过程中约定俗成的行为模式，通常以茶礼、茶俗等形式表现出来。

4. 精神文化

精神文化也称心态文化，是指人们在茶叶生产和消费过程中所孕育出来的价值观念、审美情趣，在茶艺操作过程中所追求的意境和韵味，以及由此产生的丰富联想。精神文化包括反映茶叶生产、茶区生活、饮茶情趣的文艺作品，以及将饮茶与人生处世哲学相结合，上升到哲学高度所形成的茶德、茶道等。精神文化是茶文化的深层次结构，也是茶文化的核心部分。

三、基本特征

1. 社会性

饮茶是人类美好的物质享受与精神享受，随着社会文明进步，茶文化已经渗透到社会的各个领域、层次、角落。在中国历史上，虽然富贵之家过的是“茶来伸手、饭来张口”的生活，贫苦之户过的是“粗茶淡饭”的日子，但都离不开茶。人有阶级与等级差别，但无论是达官显贵、社会名流，还是平民百姓，对茶的需求是一致的。

2. 广泛性

茶文化雅俗共享，各得其所。从宗教寺院的茶禅到宫廷显贵的茶宴，从文化雅士的品茗到人民大众的饮茶，出现了层次不同、规模不一的饮茶活动。以茶为聘礼，以茶会友，以茶修性，茶与人的一生发生密不可分的联系。茶在人们生活、社会活动过程中的介入和作用是其广泛性的表现。茶还与文学艺术等许多领域有着紧密的联系。

3. 民族性

中国是一个多民族的国家，56 个民族都有自己多姿多彩的茶俗。蒙古族的咸奶茶、维吾尔族的奶茶和香茶、苗族和侗族的油茶、佤族的盐茶，主要是用茶作食，重在茶食相融；傣族的竹筒香茶（见图 3-2）、回族和苗族的罐罐茶等，主要追求的是精神享受，重在饮茶情趣。尽管各民族的茶俗有所不同，但按照中国人的习惯，凡有客人进门，不管你是否要喝茶，主人敬茶是少不了的，不敬茶往往被认为是不礼貌的。从世界范围来看，各国的茶艺、茶道、茶礼、茶俗都清晰地表现出其民族性的特征。

4. 区域性

“千里不同风，百里不同俗”，中国地广人多，受历史文化、生活环境、社会风情、地理气候、物质资源、经济发展、生活水平等影响，中国茶文化呈现出区域性特点。例如，人们在一定区域内对茶叶的需求是相对一致的，南方人喜欢绿茶，北方人崇尚花茶，福建、广东、台湾人欣赏乌龙茶等。这些都是茶文化区域性的表现。

5. 传承性

茶文化本身也是中华文化的一个组成部分，其社会性、广泛性、民族性、区域性的特征决定了茶对中华文化的发展具有传承性的特点，成为中华文化形成、延续与发展的重要载体。例如，通过茶文化可以转化孔子（见图 3-3）的六艺，把孔子文化注入其中。

图 3-2　傣族的竹筒香茶

图 3-3　孔子画像

四、基本特点

1. 物质与精神的结合

茶作为一种物质，它的形和体是异常丰富的。茶作为一种文化载体，又有深邃的内涵和文化的包容性。茶文化就是物质与精神两种文化有机结合而形成的一种独立的文化体系。

2. 高雅与通俗的结合

茶文化是雅俗共赏的文化，它在发展过程中一直表现出高雅和通俗两个方面，并在高雅与通俗的统一中向前发展。历史上，宫廷贵族的茶宴、僧侣士大夫的斗茶品茶和茶文化艺术作品等，都是茶文化高雅性的表现。但这种高雅的文化，植根于同人民生活息息相关的通俗文化之中。没有粗犷、通俗的茶文化土壤，高雅茶文化就会失去自下而上的基础。

3. 功能与审美的结合

茶在满足人类物质生活方面表现出广泛的功能，如食用、治病、解渴。而“琴棋书画诗酒茶”又使茶与文人雅士结缘，在精神生活方面表现出广泛的审美情趣。茶的绚丽多姿，茶文化艺术作品的五彩缤纷，茶艺、茶礼的多姿多彩，都能满足人们的审美需要。

4. 实用性与娱乐性的结合

茶文化的实用性决定了它有功利性的一面，但这种功利性是以它的文化性为前提并以之为归宿的。随着茶的综合利用与开发，茶文化已渗透到社会经济生活的各个领域。近年来开展的多种形式的茶文化活动就是以促进经济发展、提高人的文化素质为宗旨的。

第 2 节　萌芽与形成

一、萌芽时期（魏晋南北朝）

饮茶方法在经历含嚼吸汁、生煮羹饮阶段后，至魏晋南北朝时已开始进入烹煮饮用阶段。当时，至少在长江以南地区，纯粹意义上的饮茶，即把茶当作饮料饮用已经相当普遍，但在饮用形式上仍沿袭着羹饮。在饮茶时间上，已逐渐与吃饭分离，一种是“坐席竟，下饮”，即饭后饮茶，另一种是与饭完全无关的饮茶，大约相当于客来敬茶。在这个时期，将茶当作饮料是一种更普遍的现象，占据着主导地位。饮茶的方式则主要有以茶品尝、以茶伴果而饮、茶粥等。这些都是茶进入文化领域的物质基础。

茶作为自然物质进入文化领域，是从它被当作饮料，并发现其在精神层面有积极作用开始的。值得重视的是，茶文化一出现，就作为一种健康、高雅的精神力量与两晋的奢侈之风相对抗。魏晋南北朝时期，茶开始进入精神文化领域，主要表现在以下三个方面。

1. 以茶养廉

魏晋南北朝时期，门阀制度盛行，官吏及士人皆以夸豪斗富为美，“侈汰之害，甚于天灾”，奢侈荒淫的纵欲主义使世风日下，深为一些有识之士痛心疾首，一些有识之士提出了“养廉”的倡议，于是社会上出现以茶养廉示俭的一些事例。如东晋时期吴兴太守陆纳有“恪勤贞固，始终勿渝”的口碑，是一个以俭德著称的人。对登门拜访的客人，陆纳只是端上茶水和一些瓜果招待。与陆纳同时代的恒温是东晋明帝之婿，政治、军事才干卓著，且提倡节俭，《说郛》记载：“恒温为扬州牧，性俭，每宴饮，惟下七奠柈茶果而已。”永明十一年南朝齐武帝萧赜（公元 493 年）立遗诏说：“我灵上慎勿以牲为祭，唯设饼、茶饮、干饭、酒脯而已。天下贵贱，咸同此制。”齐武帝萧赜是南朝较节俭的少数统治者之一，他提倡以茶为祭，把民间的礼俗吸收到统治阶级的丧礼中，并鼓励和推广了这种制度。

陆纳以茶待客、恒温以茶代酒宴、南齐世祖武皇帝以茶示俭等，他们提倡以茶养廉、示俭的本意在于纠正社会不良风气，而茶则成了节俭生活作风的象征，这体现了当权者和有识之士的思想导向：以茶倡廉抗奢。

2. 进入宗教

魏晋时期，社会上有求长生的风气，这主要是受道教的影响，当时人们认为饮茶可以养生、长寿，还能修仙，茶由此开始进入宗教领域。例如，《陶弘景新录》记载“茶茗轻身换骨。昔丹丘子黄山君服之”；《壶居士食忌》记载“苦茶久食羽化，与韭同食令人体重”。道家修炼气功要打坐、内省，而茶对清醒头脑、舒通经络有一定作用，于是出现了一些饮茶可羽化成仙的故事和传说。这些故事和传说在《续搜神记》《杂录》等书中均有记载。南北朝时期佛教开始兴起，当时战乱不止，僧人倡导饮茶，也使饮茶有了佛教色彩，促进了“茶禅一味”思想的产生。

3. 文人赞颂

魏晋时期，茶开始成为文人赞颂、吟咏的对象，已有文人直接或间接地以诗文赞吟茗饮，如晋代文学家杜育的《荈赋》是一篇完整意义上的茶文化作品。西晋文学家左思的《娇女诗》中有“止为茶荈剧，吹嘘对鼎立”，张载《登成都白菟楼》中有“芳荼冠六清，溢味播九区”，这些诗句已不再像其他书籍一味地记述茶叶的医疗功效，而是从文化角度来欣赏茶叶了。另外，文人名士既饮酒又喝茶，以茶助兴，不仅开了饮茶之风，也出现了一些文化名士饮茶的逸文趣事，如图 3-4 所示。

图 3-4　五代顾闳中的《韩熙载夜宴图》

总之，魏晋南北朝时期，许多文化思想与茶相关。此时，茶已经超出了它的自然属性，其精神内涵日益显现，中国茶文化初现端倪。

二、形成时期（唐代）

唐代是中国封建社会的顶峰，封建文化也发展到顶峰，形成了国家统一、国力强盛、经济繁荣、社会安定、文化空前发展的局面。特别是盛唐时期，社会呈现一片相对太平繁荣的景象，整个社会弥漫着青春奋发的气息，创造力蓬勃旺盛。在承袭汉魏六朝传统，同时融合各少数民族及外来文化精华的基础上，音乐、歌舞、绘画、工艺、诗歌等都以新颖的风格发展起来，达到中国历史上的辉煌时期。这样的社会条件为饮茶的进一步普及和茶文化的继续发展奠定了基础。

1. 形成原因

除了社会生产力提高、经济发展大大促进茶叶生产的发展之外，饮茶普及、佛门兴茶和贡茶出现也促进了茶文化的形成。

（1）饮茶普及。唐代初期，茶事活动得到进一步发展，饮茶之风在北方地区传播开来，王公贵族开始以饮茶为时尚，但此时的饮茶还是多从药用的角度出发。到了唐代中期，形势有了巨大变化，人们喝茶主要不是为了治病，而是一种具有文化意味的嗜好，饮茶之风已经普及到全国各地。《茶经·六之饮》记载：“滂时浸俗，盛于国朝，两都并荆渝间，以为比屋之饮。”《封氏闻见录》也记载：“自邹、齐、沧、棣、渐至京邑城市，多开店铺，煎茶卖之，不问道俗，投钱取饮。”唐穆宗时期的李珏说：“茶为食物，无异米盐，人之所资，远近同俗。既蠲渴乏，难舍斯须。至于天闾之间，嗜好尤切。”杨华的《膳夫经手录》也说：“今关西、山东，闾阎村落皆吃之，累日不食犹得，不得一日无茶也。”由此可见唐代饮茶风气兴盛的程度。

（2）佛门兴茶。唐代饮茶兴盛，一个重要原因是佛门茶事的盛行。唐代寺庙众多，佛教禅宗迅速普及，信徒遍布全国各地，饮茶风气盛行。《封氏闻见录》记载：“学禅务于不寐，又不夕食，皆许其饮茶。人自怀挟，到处煮饮。从此转相仿效，遂成风俗。”这段话的意思是说，世俗社会的人们对僧人加以仿效，加快了饮茶的普及，并且很快成为流行于整个社会的习俗。

（3）贡茶出现。早在魏晋南北朝时期，宫廷中就已开始饮茶，到了唐代，宫廷中对茶的需求量逐渐扩大。唐中期以后的皇帝大多好茶，更是广向民间搜求名茶，要求入贡的茶也越来越多。唐大历五年（公元 770 年），唐代宗还在浙江长兴顾渚山开始设立官焙（专门采造宫廷用茶的生产基地），责成湖州、常州两州刺史督造贡茶饼，并负责进贡紫笋茶。每年新茶采摘后，便昼夜兼程送往长安：“十日王程路四千。到时须及清明宴。”

2. 形成表现

唐代作为我国古代茶业发展史上的一座里程碑，其突出之处不仅在于茶叶产量的极大提高，而且还表现在茶文化发展上。文人以茶会友、以茶传道、以茶兴艺，使茶饮在人们生活中的地位大大提高，使茶文化内涵更加深厚。

（1）陆羽《茶经》。中唐时期，陆羽的《茶经》（见图 3-5）问世，把茶文化发展推向了空前高度。《茶经》是我国第一部全面介绍唐代及唐代以前有关茶事的综合性专著，全书详细论述了茶的历史和现状，从茶的源流、产地、制作、品饮等方面，总结了包括茶的自然属性和社会功能在内的一整套知识，又创造了包括茶艺、茶道在内的一系列文化思想，基本上勾画出了茶文化的轮廓，是茶文化正式形成的重要标志。继《茶经》之后，还有张又新的《煎茶水记》、温庭筠的《采茶录》等多种茶书问世。

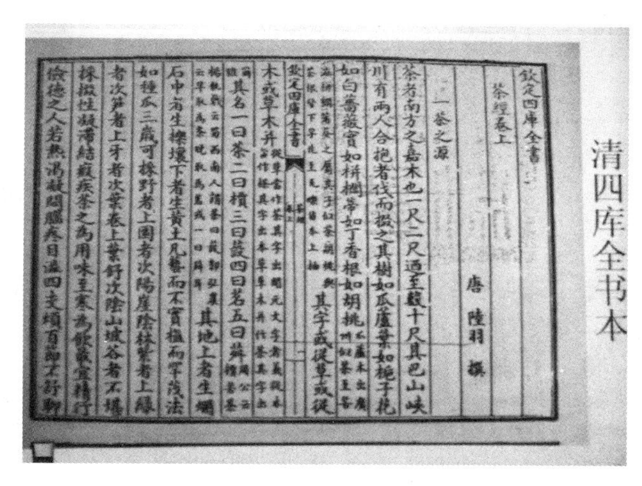
欽定四庫全書
茶經卷上
唐 陸羽 撰
一之源
茶者南方之嘉木也一尺二尺迺至數十尺其巴山峽
川有兩人合抱者伐而掇之其樹如瓜蘆葉如梔子花
如白薔薇實如栟櫚蒂如丁香根如胡桃
其字或從草或從
欽定四庫全書
木或草木并
其名一曰茶二曰檟三曰蔎四曰茗五曰荈
其地上者生爛
石中者生櫟壤下者生黃土凡藝而不實植而罕茂法
如種瓜三歲可採野者上園者次陽崖陰林紫者上綠
者次筍者上牙者次葉卷上葉舒次陰山坡谷者不堪
採掇性凝滯結瘕疾茶之為用味至寒為飲最宜精行
儉德之人若熱渴凝悶腦疼目澀四支煩百節不舒聊
清四库全书本

图 3-5　陆羽的《茶经》

（2）咏茶诗文。在唐代茶文化发展中，文人的热情参与起到了重要的推动作用，其中最为典型的是茶诗创作。在唐诗中，有关茶的作品很多，题材涉及茶的采、制、煎、饮，以及茶具、茶礼、茶功、茶德等。唐代采取严格的科举制度，文人学士都有科举入仕的可能。每当会试，不仅举子们被困考场中，连值班的翰林官也劳乏不堪。于是朝廷特命以茶汤送试场，这种茶汤被称为“麒麟草”。举子们来自四面八方，久而久之，饮茶之风在文人中进一步发扬。唐代科举把诗列为考试内容，写诗的人需要益智提神，茶自然成为文人最好的饮品和吟诵的对象。文人们以极大的热情引茶入诗或作文，不断丰富茶文化内涵。代表性的如卢仝因创作的《走笔谢孟谏议寄新茶》一诗，获得茶中“亚圣”的地位，由此可见其对茶文化理解之深刻、影响之广泛。

唐代茶文化的发展是多方面的，也形成我国茶文化史上的第一个高潮。

第 3 节　兴盛与发展

一、兴盛时期（宋代）

茶形成于唐而兴盛于宋。宋代的茶叶生产空前发展，饮茶之风非常盛行，既形成了豪华极致的宫廷茶文化，又兴起趣味盎然的市民茶文化。宋代茶文化继承了唐代注重精神意境的文化传统，把儒家的内省观念渗透到茶饮之中，又将品茶贯彻于各阶层日常生活和礼仪之中，由此一直沿袭到元明清各代。与唐代相比，宋代茶文化在以下三方面呈现出显著的特点。

1. 形成精细制茶工艺

宋代的气候转冷，常年平均气温比唐代低 2～3 ℃，特别是在一次寒潮袭击下，众多茶树受到冻害，茶叶生产遭到严重破坏，于是生产贡茶的任务南移。太平兴国二年（公元 977 年），宋太宗为了“取象于龙凤，以别庶饮，由此入贡”，派遣官员到福建建安北苑，专门监制“龙凤茶”。龙凤茶是用定型模具压制茶膏，并刻上龙、凤、花、草图案的一种饼茶。压模定型的茶饼上，有龙凤的造型。龙是皇帝的象征，凤是吉祥之物，龙凤茶不同于一般的茶，显示了皇帝的尊贵和皇室与贫民的区别。在监制龙凤茶的过程中，先有丁谓，后是蔡襄等官员对饼茶进行了改造，使其更加精益求精。故宋徽宗在《大观茶论》中写道：“采择之精，制作之工，品第之胜，烹点之妙，莫不咸造其极。”

宋代创制的“龙凤茶”，把我国古代蒸青团茶的制作工艺推向一个历史高峰，拓宽了茶的审美范围，即由对色、香、味的品尝，扩展到对形的欣赏，为后代茶叶形制艺术发展奠定了审美基础。目前，云南产的“圆茶”“七子饼茶”等沿袭了宋代“龙凤茶”遗留的一些痕迹。

2. 形成“点茶”技艺

宋代饮茶方式由唐代的煎茶过渡到点茶。所谓点茶，就是将碾细的茶末直接投入茶碗（盏），然后冲入沸水，再用茶筅在碗中加以调和，茶中不再投入葱、姜、盐一类的调味品。宋代茶因为斗茶、分茶等技艺的流行，在采制技术上也更为精致、讲究。

（1）斗茶。斗茶是一种茶汤品质相互比较的方法，有着极强的竞技性，最早应用于贡茶的选送和市场价格品位的竞争，一个“斗”字，已经概括了这种活动的激烈程度，因而也被称作“茗战”（见图3-6）。后来，斗茶不仅在上层社会盛行，还逐渐遍及全国，普及到民间。宋代唐庚的《斗茶记》记载：“政和二年，三月壬戌，二三君子，相与斗茶于寄傲斋。予为取龙塘水烹之，而第其品，以某为上，某次之。”三五知己，各取所藏好茶，轮流品尝，决出名次，以分高下。类似的情景，许多古籍中也有记载。

图3-6 宋代斗茶图

（2）分茶。分茶也称“茶百戏”“汤戏”。善于分茶之人，可以利用茶碗里的水沫，创作善于变化的书画，从这些碗中的图案里，观赏者和创作者能得到许多美的享受。宋代陶谷的《清异录·百戏茶》中记载：“近世有下汤适匕，别施妙诀，使汤纹水脉成物象者。禽兽虫鱼花草之属，纤巧如画，但须臾即就散灭。此茶之变也。时人谓‘茶百戏’。”分茶时，碾茶为末，注之以汤，以筅击拂，这时盏面上的汤纹就会变幻出各种图样来，犹如一幅幅水墨画，所以也有“水丹青”之称。

3. 茶馆业兴盛

茶馆又叫茶楼、茶肆、茶坊等，简而言之，是以营业为目的，供客人饮茶的场所。茶馆早在唐代就已出现，但到了宋代，随着城市经济的发展与繁荣，茶馆也迅速发展和繁荣。

京城汴京（今开封）是北宋时期政治、经济、文化中心，又是北方的交通要道，当时茶馆鳞次栉比，尤以闹市和居民集中居住地为盛。南宋建都临安（今杭州）后，茶馆有盛无衰。《梦粱录》卷十三《铺席》记载：“处处各有茶坊、酒肆、面店、果子、彩帛、绒线、香烛、油酱、食米、下饭鱼肉鲞、腊等铺。”《都城记胜》说城内的茶坊很考究，文化氛围浓郁，室内“张挂名人书画”，供人消遣。茶坊里卖奇茶异汤，冬月添卖七宝擂茶、馓子、葱茶、盐鼓汤，暑月添卖雪泡梅花酒。

大城市里茶馆兴盛，山乡集镇的茶店也遍地皆是，只是设施比较简陋。它们或设在山镇，或设于水乡，凡有人群处，必有茶馆。南宋洪迈的《夷坚志》中提到茶肆多达百余处，说明随着社会经济的发展，茶馆逐渐兴盛起来，茶馆文化也日益发达。

二、延续发展期

在中国古代茶文化的发展史上，元明清也是一个重要阶段。特别是茶文化自宋代深入市民阶层（最突出的表现是大小城市广泛兴起的茶馆、茶楼）后，各种茶文化表现形式不仅继续在宫廷、宗教、文人、士大夫等阶层中延续和发展，茶文化的精神也进一步植根于广大民众之间，士、农、工、商都把饮茶作为友人聚会、人际交往的媒介。不同地区、不同民族都有极为丰富的“茶民俗”。

1. 辽、金、元

（1）“学唐比宋”。辽虽是契丹人所建，但常以“学唐比宋”自勉，宋朝风尚很快传入辽地，唐宋行“茶马互市”使边疆民族以茶为贵。宋朝的茶文化由使者传至北方，“行茶”也成为辽国朝仪的重要仪式，《辽史》中这方面的记载比《宋史》还多。发现于河北宣化的辽墓《点茶图》壁画，描绘的就是宋朝流行的点茶器具及点茶法。

（2）“上下竞啜”。女真建国后，也不断地学习宋人饮茶之法，而且饮茶之风日甚一日。当时，金朝“上下竞啜，农民尤甚，市井茶肆相属”，文人们饮茶与饮酒已是等量齐观。于是，金朝不断地下令禁茶。禁令虽严，但茶风已开，茶饮深入民间。饮茶地区不断增加，如《松漠记闻》载，女真人婚嫁时，酒宴之后，“富者遍建茗，留上客数人啜之，或以粗者煮乳酪”。同时，汉族饮茶文化在金朝文人中的影响也很深，如党怀英的《青玉案》中对茶文化的内涵有很准确的把握。

（3）承上启下。元代是中国茶文化经过唐、宋的发展高峰，到明、清的继续发展之间的一个承上启下的时期。元代虽然由于历史的短暂与局限，没能呈现茶文化的辉煌，但在茶学和茶文化方面仍然继承唐、宋以来的优秀传统，并有所发展创新，如图 3–7 所示。

图 3–7　元代茶宴

1）原来与茶无缘的蒙古族，自入主中原后，逐渐开始注意学习汉族文化，接受茶文化的熏陶，“太官汤羊厌肥腻，玉瓯初进江南茶”（元 · 马祖常《和王左司竹枝词十首》）。蒙古贵族尚茶，对茶叶生产是重要的刺激与促进，因此“上而王公贵人所尚，下而小夫贱隶之所不可缺，诚民生日用之所资”（王桢《农书》），但饮茶方式与中原有很大的不同，喜欢在茶中加入酥油及其他特殊佐料的调味茶，如兰膏、酥签等茶饮。

2）汉民族文化受到北方游牧民族的冲击，对茶文化的影响就是饮茶的形式从精细转入随意，已开始出现散茶。饼茶主要为皇室宫廷所用，民间则以散茶为主。由于散茶的普及流行，茶叶的加工制作开始出现炒青技术，花茶的加工制作也形成完整系统。汉蒙饮食文化交流，还形成具有蒙古特色的饮茶方式，开始出现泡茶方式，即用沸水直接冲泡茶叶，如“玉磨末茶一匙，入碗内研习，百沸汤点之”（无名氏《居家必用事类全集》）。这些为明代炒青散茶的兴起奠定了基础。

3）元统一全国后，在文化政策上较宋有很大变化，中原传统的文化精神遭受打击，知识分子的命运多有改变，曾一度取消的科举考试使得汉族知识分子丧失了仕进之路，许多人沦为社会下层。元移宋鼎，又使得大部分汉族知识分子有亡国之痛。因此，元代文人尤其是宋朝遗民皆醉心于茶事，借以表现节气，磨砺意志。其中许多文人以茶诗文自嘲自娱，还以散曲、小令等借茶抒怀。例如，著名散曲家张可久弃官隐居西湖，以茶酒自娱，写《寨儿令·春思次韵》言其志：“饮一杯金谷酒，分七碗玉川茶。嗏！不强如坐三日县官衙?”；乔吉感慨大志难酬、万事从他，却自得其乐地写道“香梅梢上扫雪片烹茶”。茶入元曲，茶文化因此多了一种文学艺术表现形式。

2. 明代

明代是中国茶文化发展史上继往开来、迅猛发展的重要时期，当时的文人雅士继承了唐宋以来文人重视饮茶的传统，普遍具有浓郁而深沉的嗜茶情结，茶在文人心目中的崇高地位得以凸显，有以下三个鲜明的特色。

（1）饮茶方式的转变。历史上正式以国家法令形式废除团饼茶的，是明太祖朱元璋。他于洪武二十四年（公元 1391 年）九月十六日下诏：“罢造龙团，惟采茶芽以进。”从此向皇室进贡的只要芽叶形的蒸青散茶。皇室提倡饮用散茶，民间自然蔚然成风，并且将煎煮法改为随冲泡随饮用的冲泡法，这是饮茶方法上的一次革新。从此，饮用冲泡散茶成为当时主流，开千古茗饮之宗，改变了我国千古相沿成习的饮茶法。这种冲泡法，对于茶叶加工技术的进步（如改进蒸青技术、产生炒青技术等）以及花茶、乌龙茶、红茶等茶类的兴起和发展，起了巨大的推动作用。由于泡茶简便、茶类众多，饮茶之风更为普及。产于浙江长兴县的岕茶，在明代后期声名鹊起，此茶因在炒青盛行时沿用蒸青法而得到一批名人雅士的特别喜爱。

（2）紫砂茶具异军突起。紫砂茶具始于宋代。明代由于各文化领域潮流的影响，文人的积极参与和倡导，以及紫砂制造业水平提高和即时冲泡的散茶流行等多种原因，紫砂茶具逐渐异军突起，代表一个新的方向和潮流而走上了繁荣之路。

宜兴紫砂茶具的制作，相传始于明代正德年间。当时宜兴东南有座金沙寺，寺中有位被尊为金沙僧的和尚，平生嗜茶。他选取当地产的紫砂细砂，用手捏成圆坯，安上盖、柄、嘴，经窑中焙烧，制成了中国最早的紫砂壶。此后，有个叫供春的家童跟随主人到金沙寺侍谈，他巧仿老僧，学会了制壶技艺。所制壶被后人称为“供春壶”，如图3-8所示，有“供春之壶，胜于金玉”之说。供春也被称为紫砂壶真正意义上的鼻祖，第一位制壶大师。

图3-8　供春壶

到明万历年间，出现了董翰、赵梁、元畅、时朋“四家”，后又出现时大彬、李仲芳、徐友泉“三大壶中妙手”。紫砂茶壶不仅因为瀹饮法而兴盛，其形制和材质更迎合了当时社会所追求的平淡、端庄、质朴、自然、温厚、娴雅等精神需要，得到文人的喜爱。当时有许多著名文人都在宜兴定制紫砂壶，还题刻诗画在壶上，他们的文化品位和艺术鉴赏力也直接左右着制壶匠们。如著名书画家董其昌、著名文学家赵宦光等，都在宜兴定制且题刻过。随着一大批制壶名家的出现，在文人的推动下，紫砂茶具形成了不同的流派。

明代人崇尚紫砂壶几乎达到狂热的程度，“今吴中较茶者，必言宜兴瓷”（周容《宜瓷壶记》），“一壶重不数两，价值每一二十金，能使土与黄金争价”（周高起《阳羡茗壶系》），可见明人对紫砂壶的喜爱之深。

（3）茶学研究达到兴盛期。中国是最早为茶著书立说的国家，明代达到一个兴盛期，共计50余部。明太祖第十七子朱权于公元1440年前后编写《茶谱》一书，对饮茶之人、饮茶之环境、饮茶之方法、饮茶之礼仪等做了详细介绍。陆树声在《茶寮记》中，提倡于小园之中设立茶室，有茶灶、茶炉，窗明几净，颇有远俗雅意，强调的是自然和谐美。张源在《茶录》中说：“造时精，藏时燥，泡时洁。精、燥、洁，茶道尽矣。”这句话从一个角度简明扼要地阐明了茶道真谛。

明代茶书对茶文化的各个方面加以整理、阐述，创造性和突出贡献在于全面展示明代茶业、茶政空前发展和中国茶文化继往开来的崭新局面，其成果一直影响至今。明代在茶文化艺术方面的成就也较大，除了茶诗、茶画外，还产生了众多的茶歌、茶戏，有几首反映茶农疾苦、讥讽时政的茶诗，历史价值颇高，如高启的《采茶词》等。

3. 清代

清代沿袭了明代的政治体制和文化观念。由明代形成的茶文化又一个历史高潮，在清初一段时间以后继续得到延续发展，其主要特色有以下三个方面。

（1）更为讲究的饮茶风尚。清朝满族祖先本是中国东北地区的游猎民族，以肉食为主，进入北京成为统治者后，养尊处优，需要消化功效大的茶叶饮料。于是普洱茶、女儿茶、普洱茶膏等，深受帝王、后妃、吃皇粮的贵族们的喜爱。有的用于泡饮，有的用于熬煮奶茶。清代的宫廷茶宴也远多于唐代、宋代。宫廷饮茶的规模和礼俗较前代有所发展，在宫廷礼仪中扮演着重要的角色。据史料记载，乾隆时期，仅重华宫所办的“三清茶宴”就有 43 次。“三清茶宴”为清高宗弘历所创，目的为“示惠联情”，自乾隆八年起固定在重华宫举办，因此也称重华宫茶宴。“三清茶宴”于每年正月初二至初十择日举行，参加者多为文臣，如大学士、九卿及翰林。每次举行时，必须选择一个宫廷时事为主题，群臣联句吟咏。宴会所用“三清茶”，由乾隆皇帝亲自创设，采用梅花、佛手、松实入茶，以雪水烹之而成。乾隆认为，以上三种物品皆属清雅之物，以之瀹茶，具有幽香而“不致溷茶叶”。嗜茶如命的乾隆皇帝一生与茶结缘，品茶鉴水有许多独到之处，也是历代帝王中写作茶诗最多的一位，有几十首御制茶诗存世。乾隆晚年退位后，还在北海镜清斋内专设“焙茶坞”，悠闲品茶。

清代茶文化的一个重要现象就是茶在民间的普及，并与日常生活结合，成为民间礼俗的一个组成部分。饮茶在民间普及的一个重要标志就是茶馆如雨后春笋般出现，成为各阶层（包括普通百姓）进行社会活动的一个重要场所。民间大众饮茶方法的讲究表现在很多方面。人们泡茶时，茶壶、茶杯要用开水洗涤，并用干净布擦干，茶杯中的茶渣必须先倒掉，然后再斟。

在闽粤地区民间，嗜饮功夫茶者甚众，故精于此“茶道”之人也多。到了清代后期，由于市场上有六大茶类出售，人们已不再单饮一种茶类，而是根据各地风俗习惯选用不同茶类，不同地区、民族的茶习俗也因此形成。

（2）茶叶外销达到历史高峰。清朝初期，以英国为首的资本主义国家开始大量从我国进口茶叶（见图 3-9），使我国茶叶向海外的输出猛增，达到历史高峰。

鸦片战争的爆发与茶叶贸易有直接关系。清代中期以前，各个资本主义国家中与我国贸易量最大的要算英国，英国需要进口我国大量的货物，其中茶叶居多。但英国又拿不出对等的物资与中国交换，英中双方贸易出现逆差，英国每年要拿出大量的白银支付给中国，这对当时的英国十分不利。为了改变这种状况和加强对中国的经济侵略，英国就大量向中国倾销鸦片毒害中国人民，并采取外交与武力威胁相结合的手段，先后向我国发动了两次鸦片战争。战争的结果是腐败无能的清政府与以英国为首的资本主义国家签订了一系

图 3-9　清代茶叶贸易

列不平等条约。自此，英国垄断控制了华茶外销，美国、日本勾结抵制华茶外销，日本千方百计侵占华茶市场，使中国茶叶对外贸易在达到历史高峰后逐渐被印度、锡兰（斯里兰卡的旧称）挤压，到中华民国时期更是一落千丈。

（3）茶文化开始成为小说描写对象。诗文、歌舞、戏曲等文艺形式中描绘"茶"的内容很多。清代是我国小说创作的繁荣时期，不但数量大，而且反映了清代政治、经济、文化的各个方面。在众多小说话本（如《镜花缘》《儒林外史》《红楼梦》等）中，茶文化的内容都得到了充分展现，成为当时社会生活生动形象的写照。

就《红楼梦》来说，一部《红楼梦》，满纸茶叶香，书中言及茶的多达 260 多处，咏茶诗词（联句）有 10 多首。它所载形形色色的饮茶方式、丰富多彩的名茶品种、珍奇的古玩茶具、讲究非凡的沏茶用水等，是我国历代文学作品中记述和描绘最全面的。它集明后至清代 200 多年间各类饮茶文化大成，形象地再现了当时上至皇室官宦、文人学士，下至平民百姓的饮茶风俗。

清末至中华人民共和国成立前的 100 多年，帝国主义入侵，战争频繁，社会动乱，传统的中国茶文化日渐衰微，饮茶之道在中国大部分地区逐渐趋于简化，但这并非是中国茶文化的完结。从总趋势来看，中国的茶文化是在向下层延伸，这更丰富了它的内容，也更增强了它的生命力。在清末民初的社会中，城市乡镇的茶馆茶肆处处林立，大碗茶比比皆是，盛暑季节道路上的茶亭及乐善好施的大茶缸处处可见，"客来敬茶"已成为普通人家的礼仪美德。由于制作工艺的发展，目前的六大茶类已基本形成。

第 4 节　恢复与重建

中华人民共和国的成立结束了旧中国百年屈辱的历史，中华民族走上了伟大的复兴之路。中国茶业经济和茶文化从此进入恢复重建时期。已经走过的 70 多年可分为两个阶段，前 30 多年是茶业经济走出“短缺”和当代茶文化萌生时期，即恢复时期，后 30 多年是茶业经济和茶文化并肩快速发展时期，即重建时期。

一、恢复时期

1. 茶业经济走出“短缺”

中华人民共和国成立之初，我国茶叶产量十分低下。1950 年全国茶叶产量仅 6. 52 万吨，出口茶叶 1. 88 万吨。为恢复发展茶叶生产，我国把茶叶生产和保证出口列入国内供应重要议事日程，举办技术培训，发放茶叶贷款，签订预购合同，预付定金，激发和提高茶农的生产积极性。到 1956 年，全国茶叶产量达到 12. 05 万吨，比 1950 年差不多翻了一番，但茶叶仍然严重“短缺”，供不应求。20 世纪七八十年代，茶叶生产达到持续快速发展阶段，1976 年全国茶叶产量达到 23. 35 万吨，首次超过斯里兰卡，仅次于印度，居世界第二位。20 世纪 80 年代初，中国茶业终于走出“短缺”的历史，国内茶叶可以放开供应了。

2. 当代茶文化萌生

中华人民共和国成立初期，百业待兴，茶文化活动未能成为重点提倡的文化事业，但是自唐宋以来蓬勃兴起的茶馆业在大小城镇仍然长盛不衰，有的茶馆和民间曲艺演出结合在一起，成为民间文化活动的重要阵地。有些文艺工作者也创作了一批茶文化作品。例如，20 世纪 50 年代福建创作的民间舞蹈《采茶扑蝶》、20 世纪 60 年代浙江创作的音乐舞蹈《采茶舞曲》和江西创作的歌曲《请茶歌》等，都曾广泛流行。戏曲方面也成绩显著，如 20 世纪 50 年代老舍创作的三幕话剧《茶馆》（见图 3-10），已经成为话剧史上的经典作品；20 世纪 60 年代江西创作的赣南采茶戏《茶童哥》还被改编为彩色电影《茶童戏主》在全国放映，受到广大群众的欢迎。

在“文化大革命”期间，茶文化曾受到一定的冲击，茶文化的作品受到批判，茶馆业也一度受到严重的摧残。不过民间的饮茶习俗早已成为日常生活的一部分，客来敬茶，以茶待客，已成为我们民族的优良传统。如北方的盖碗茶和南方的功夫茶早已深入千家万户，城乡各地的茶馆也并未完全绝迹。

图 3-10　话剧《茶馆》剧照

二、重建时期

当代茶文化从兴起到发展的 30 多年来，事象纷繁、气象万千，根据茶文化研究专家阮浩耕、段文华在《一个茶文化消费时代的到来》一文中的论述：当代茶文化构建于 20 世纪 80 年代，至今大体经历了三个阶段。

1. 呼唤期

（1）提出“饮茶文化”“茶叶文化”。茶文化在我国虽源远流长，但“茶文化”这个词却是新提出的。1980 年 9 月，庄晚芳等编著的《饮茶漫话》（中国财政经济出版社出版）后记中说：“茶叶源于我国。饮茶文化是我国整个民族文化精华的一部分，也是我国人民对人类做的贡献的一部分。”同年 10 月，王泽农、庄晚芳在为陈彬藩《茶经新编》（香港镜报文化企业有限公司出版）所作序言中说：“国际友人和海外侨胞，特别是茶叶爱好者在品尝中国香茶的时候，对历史悠久的中国茶叶文化无限向往……”两文分别提出“饮茶文化”和“茶叶文化”是具原创性的，也是中华人民共和国成立 30 多年时社会经济文化发展以及茶叶生产贸易日益繁荣的必然趋势。1983 年春，于光远发表《茶叶经济和茶叶文化》一文呼吁：“在今天更需要发挥茶叶文化的作用，为发展茶叶经济服务。”庄晚芳、王泽农、于光远的文章，以及 1982 年 9 月在杭州成立的全国第一个茶文化社团“茶人之家”，为当代茶文化的重构做出了舆论和组织引导。

（2）具标志性意义的茶事活动。1983 年 10 月，由“茶人之家”举办的“茶事咨询会”是这一时期具有标志性意义的一次茶事活动。在这次咨询会上，许多专家学者在商讨扭转茶叶产大于销的“卖茶难”局面的同时还指出，我国对茶文化的研究还远远落后于实际，大力呼吁有关机构要加强茶文化的研究推广。

（3）产生影响的两次茶事活动。一是 1989 年 5 月，台湾陆羽茶文化访问团一行 20 人来大陆访问，17 日在北京人民大会堂安徽厅举行茶艺表演和茶文化交流，后赴合肥、杭州等地访问。二是 1989 年 9 月 10—16 日，“茶与中国文化展示周”在北京民族文化宫举行，期间有茶文化图片、书画及名优茶展示，有广东、云南、福建、四川、浙江、湖南、安徽七省茶艺表演，日本里千家茶道和台湾中华茶文化学会也表演了茶道和茶艺。

以上茶事活动，吹响了当代茶文化研究的号角，为推动群众性茶事活动和交流做出了示范。

2. 搭台期

进入 20 世纪 90 年代，茶文化推动茶业经济发展的作用日益明显，于是出现了一个广泛被采用的口号“文化搭台，经济唱戏”。其中，1990 年 10 月举办的“杭州国际茶文化研讨会”是这一时期的一个标志。这次研讨会是对前一个 10 年茶文化成就的总结和检验，同时开启了一个茶文化研究交流与实践创新的新时期，不仅是规模空前的国际性会议，而且从以前茶事活动多由企业和民间组织发起并主办，转到由政府有关部门参与发起并主办。

（1）出现许多文化与经贸相融互动的节会。1991 年 4 月，由浙江省人民政府和原国家旅游局举办的“中国杭州国际茶文化节”，集旅游、文化、贸易于一体，把茶文化专题讲座、茶艺表演、名茶评选、茶叶茶具展销和贸易洽谈等整合为一个茶事节庆活动。这种文化与经贸相融互动的节会，后来被许多省市广泛运用，如上海国际茶文化节 (见图 3-11)、河南信阳茶文化节等。

图 3-11　上海国际茶文化节

（2）举办各种类似“茶博会”的展销活动。杭州是较早创建“茶博会”的城市之一，1998 年 10 月就举办了“中国国际茶博览交易会”。如今“茶博会”已经成为茶叶产区和销区的常规贸易项目。

（3）与搭台期相契合，20 世纪 90 年代还在以下几个方面表现突出。

1）茶艺交流蓬勃发展。特别是城市茶艺活动场所迅猛涌现，已成为一种新兴产业（见图 3–12）。中国许多地方都相继成立了茶文化的交流组织，使茶艺活动成为一种独立的艺术门类。在一些大型的茶文化集会中，各地茶文化工作者还编创了许多新型的茶艺表演节目，这些主题鲜明、内容丰富、形式多样的茶艺表演，已成为群众文化生活的一个重要组成部分。同时，各地还相继推出了许多富含创意的茶文化活动，如清明茶宴、新春茶话会、茗香笔会、新婚茶会、品茗洽谈会等，推动了社会经济文化的发展。

图 3–12　上海宋园茶艺馆

2）茶文化社团应运而生。众多茶文化社团的成立，对弘扬茶文化、引导茶文化步入文明健康发展之路和促进“两个文明”建设，起到了重要作用。其中，规模、影响较大的是酝酿于 1990 年、成立于 1993 年、总部设在杭州的“中国国际茶文化研究会”。在北京，一个以团结中华茶人和振兴中华茶业为己任的全国性茶界社会团体“中华茶人联合会”也已成立了 30 年左右。地方性的团体则更多，如浙江湖州的“陆羽茶文化研究会”、广东的“广州茶文化促进学会”等。

3）茶文化书籍、期刊、影视、文学作品创作。例如，书籍出版有《中国地方志茶叶历史资料选辑》（吴觉农主编，中国农业出版社，1990 年）、《中国茶经》（陈宗懋主编，上海文化出版社，1992 年）等。茶文化期刊有《农业考古——中国茶文化专号》《茶博览》等。影视、文学作品方面主要有中央电视台摄制的 18 集大型电视系列片《话说茶文化》，王旭烽创造的长篇小说《茶人三部曲》等。

3. 消费期

进入 21 世纪以来的 20 年，可以称为茶文化消费的开启时期。这一时期茶文化与茶业经济、茶业科技结合日益紧密，并继续深入走向大众生活。茶文化还朝着创意、经营的方向发展，即通过创意设计，使茶文化成为一种可以经营的、走向市场的时尚生活方式和消费文化。当今茶文化消费的兴起，呈现十大亮点。

（1）茶品附加更多文化意蕴。自然生态的、传统工艺制作的茶品和收藏得好的老茶，成为品茗者的新宠。茶叶包装凸显创意新颖。

（2）茶具讲究艺术品位和价值。品茶又玩器，爱茶人从选配日用茶器进入自主设计并参与制作。除了陶瓷茶具，铁壶、银器也受到追捧。

（3）茶食讲究精致搭配。由且饮且食的餐饮方式进入品茶兼品食，讲究茶食果品与茶性结合。茶宴的制作也更加多样，有以茶入菜的，也有以茶配菜的。

（4）茶艺馆文化创意日渐活跃。例如，北京老舍茶馆全新打造北京堂会项目，形成集演出、茶事服务、餐饮、创意礼品于一体的高端定制化产品服务体系；天津茶馆的曲艺和相声演出已成为品牌等。

（5）茶文化旅游异军突起。相对原有分散、零星的茶乡农家乐，出现了较大规模的茶庄园和文化创意园体验，有品茶、茶宴、观光、休闲等多种活动。

（6）茶艺培训由职业培训走向社会培训。近年来，茶艺培训不仅是茶艺从业人员的需求，而且成为越来越多爱茶人提升自身文化修养的一个项目。上海等大城市的外籍人士和热爱中国茶文化的人士都积极参加培训。茶艺培训已成为一种文化服务产品。

（7）书画演艺作品大批涌现。近年来，涌现一大批以茶事为主题的书画艺术作品，如旅美作曲家、指挥家谭盾创作的歌剧《茶：心灵的明镜》，作为奥运会文化活动的重头戏在中国国家大剧院演出；电影《大碗茶》在人民大会堂成功举办首映礼；王旭烽编剧并担任总导演的话剧《六羡歌》在浙江农林大学首演成功等。

（8）茶文化书刊出版方兴未艾。茶文化是多元文化的融合，茶与茶文化的消费也是多层次的。茶叶的悠久历史、相关文献、文学作品、艺术精品，与茶相关的传统工艺、民俗节庆等非物质文化遗产，以及30多年来茶与茶文化的创新开发，这些都是茶文化书刊出版取之不尽的源泉。

（9）茶文化博览会是茶文化产品化、产业化的重要标志。茶文化博览会是一个文化创意博览会，既展示上游的内容创意，又展示中游的设计制作，还有下游的营销服务及其衍生产品。

（10）一批专业品牌与营销策划机构开始崛起。从最早为茶叶设计包装，到后来为企业做设计，再到营销策划、品牌运营管理，一批专业的策划机构随着中国茶叶产业的发展而成长。

测试题

一、**判断题**（下列判断正确的请打“√”，错误的请打“×”）

1. 茶文化是指社会的意识形态。（ ）
2. 茶文化的精神文化层次是茶文化的核心部分。（ ）
3. 茶文化成为中华文化形成、延续与发展的载体。（ ）
4. 唐代陆羽《茶经》的问世，是茶文化萌芽的重要标志。（ ）
5. 斗茶和点茶在烹茶技艺上是相同的。（ ）
6. 明代进入茶著书立说的兴盛期。（ ）
7. 清代宫廷饮茶的规模和礼俗较前代有所发展。（ ）
8. 中华人民共和国成立后，茶文化进入新的历史时期。（ ）
9. 上海开埠后出现的第一家新型茶馆是一洞天茶馆。（ ）

二、**单项选择题**（下列每题的选项中，只有1个是正确的，请将其代号填在横线空白处）

1. 宋代是茶馆业的________。

A. 萌芽期　　B. 形成期　　C. 兴盛期　　D. 发展期

2. 宜兴紫砂壶的制作相传始于明代________年间。

A. 正德　　B. 嘉靖　　C. 永乐　　D. 正统

3. 《红楼梦》一书中有咏茶诗词（联句）________。

A. 10多首　　B. 30多首　　C. 100多首　　D. 200多首

三、**多项选择题**（下列每题的选项中，至少有2个是正确的，请将其代号填在横线空白处）

1. 茶文化内部结构中的制度文化层次包括有关茶的________等。

A. 法规　　B. 精神　　C. 物质

D. 礼俗　　E. 行为

2. 唐代代表性茶论著有________等。

A. 陆羽的《茶经》　　B. 张源的《茶录》　　C. 张又新的《煎茶水记》

D. 卢仝的《饮茶歌》　　E. 温庭筠的《采茶录》

3. 现今云南产的________沿袭了宋代“龙凤茶”遗留的一些痕迹。

A. 七子饼茶　　B. 沱茶　　C. 圆茶
D. 龙团茶　　E. 砖茶

4. 清代的众多小说话本如________等中，茶文化内容得到了充分展现。
A.《镜花缘》　　B.《水浒传》　　C.《金瓶梅词话》
D.《红楼梦》　　E.《儒林外史》

四、填空题（请将正确答案填在横线空白处）

1. 茶文化也有________之分。
2. 茶文化的物质文化层次是指有关茶的________的总和。
3. 至魏晋南北朝，饮茶方法进入________阶段。
4. 茶作为自然物质进入文化领域，是从它被当成________并发现其对精神有积极作用开始的。
5. 魏晋南北朝是茶文化的________。
6. 唐代是中国封建社会的顶峰，也是________的顶峰。
7. 宋代龙凤茶是压模定型的茶饼上有________的造型。
8. 紫砂茶具始于________。
9. 产于浙江长兴的________在明代后期声名鹊起。
10. 鸦片战争的爆发与________有直接关系。

五、简答题

中国茶文化有哪些基本特征和特点？

测试题答案

一、判断题

1. ×　2. √　3. √　4. ×　5. ×　6. ×　7. √　8. ×　9. ×

二、单项选择题

1. C　2. A　3. A

三、多项选择题

1. AD　　2. ACE　　3. AC　　4. ADE

四、填空题

1. 广义和狭义　　2. 物质文化产品　　3. 烹煮饮用　　4. 饮料　　5. 萌芽时期　　6. 封建文化　　7. 龙凤　　8. 宋代　　9. 岕茶　　10. 茶叶贸易

五、简答题

答：中国茶文化的基本特征有社会性、广泛性、民族性、区域性、传承性等。中国茶文化的特点是四个结合，即物质与精神的结合、高雅与通俗的结合、功能与审美的结合、实用性与娱乐性的结合。

第 4 章

茶 叶 审 评

引导语

本章着重介绍茶叶审评原理、茶叶审评基本条件、茶叶审评程序和方法等，还提到与评茶结果密切相关的内容，如茶样的代表性，泡茶用水的选择，茶、水用量，泡茶水温和时间等。学习者首先要弄懂茶叶审评的基本知识，然后熟练掌握评茶因子、程序、方法及操作技能，这样才能达到会评茶的目的。

学习目标

- 了解茶叶感官审评基本原理、茶叶储存保管基本知识。
- 掌握茶叶感官审评基本技能。
- 掌握茶叶审评程序、审评方法和各类茶的审评要点。
- 能够正确运用审评术语表达评茶结果。

第1节　茶叶审评基本知识

一、概述

1. 茶叶审评与检验

（1）茶叶审评。茶叶审评是茶叶感官审评的简称，俗称“评茶”和“看茶”。虽然讲法不一样，但表达的意思是相同的，就是评茶员用眼看、口尝、鼻嗅、手摸等方法，运用正常的视觉、味觉、嗅觉、触觉等辨别能力，对茶叶产品外形、内质的品质因子进行综合分析和审评的过程。应用感官审评方法鉴定品质或质量的产品种类很广泛，如食品、农副产品等。茶叶审评不仅在采制、收购、供销等环节采用，茶叶科研部门也需要用茶叶审评方法来鉴定茶树品种的适制性（指适制茶类），施用不同肥料（化肥、农家肥）对茶叶品质的影响，采用新工艺、新材料能否提高茶叶品质，如何应用拼配技术发挥茶叶的应用价值和经济价值等。可见，茶叶审评的应用范围很广。目前，世界上的产茶国和消费国都是以茶叶审评方法来确定茶叶品质、级别和价格的。感官审评方法简单快速，结果准确，具有很强的适用性、通用性和广泛性。

（2）茶叶检验。茶叶检验是借用各种仪器、设备进行检测，将检测的结果对照有关规定或限量指标来判断合格与否。茶叶检验时，分别采用物理、化学和微生物检验方法检测理化项目和卫生项目。茶叶理化项目有水分、水浸出物、总灰分、水溶性灰分、水不溶性灰分、酸不溶性灰分、水溶性灰分碱度、粗纤维、粉末、咖啡因、茶多酚、游离氨基酸等12项。其中，水分、总灰分、粉末三个项目随着生产、出口批批检测，又称为常规项目。卫生项目有微生物、重金属和农药残留。其中，农药残留检验是当前茶叶检验最繁重的任务，由于国际市场对食品卫生要求越来越严格，如欧盟及日本等地区及国家对于农药残留的标准每年修订，并且项目不断增加。我国根据实际情况对有关标准也做了修订，同时也规定农药残留检验的品种，目的是为了确保茶叶品质，提高我国茶叶在国际市场的信誉及保护广大消费者的合法权利。

由此可见，茶叶审评是鉴定茶叶品质的一种感官审评方法，而茶叶检验是借用仪器、设备并采用物理、化学和微生物检验方法鉴定茶叶品质，两者不能相互代替，缺一不可。

2. 茶叶品质

茶叶品质是由茶叶的外形和内质所组成的，具体表现在色、香、味、形四个方面。审评茶叶品质时，常把外形中的形状（或条索）、整碎、净度、色泽四项品质因子，内质中的香气、汤色、滋味、叶底四项品质因子，合称为审评茶叶品质的八项因子。我国茶叶产品不管是毛茶（初制茶）、精茶（精制茶），还是外销茶、内销茶和边销茶，都是为了满足不同层次消费者的需求而生产的不同等级的茶叶，这本身就确定了茶叶的品质。在很多茶叶书籍、刊物或日常口语中往往习惯把高档优质茶叶称为“好”茶，相对低档的茶叶就易给人留下“坏”茶的错觉，这样就把“优”与“好”的词意混淆了。一般来说，高档茶叶属于优质产品，低档茶叶属于品质较低的产品，但不能认为是“劣”质产品，“劣”含有“坏”的意思，坏的茶就意味着失去饮用价值。凡是各类各级别符合其品质特征和等级规格的茶均为好茶，凡是劣变及有其他异味（如馊、酸、霉、烟、焦等）的茶都属于坏茶。

3. 茶叶审评原理

茶叶审评是依赖人的感觉器官（如视觉、嗅觉、味觉和触觉器官）鉴定茶叶的品质。人的感觉器官能辨别茶叶的色、香、味、形，关键取决于各种感觉器官的功能。

（1）视觉器官——眼睛。眼睛能观察到各种事物，主要是靠人的眼球。眼球就像一架精密的照相机，外部由角膜、巩膜、脉络膜、视网膜等薄膜构成，内部有水状液、晶状体和玻璃体，中央有一个圆形瞳孔。外界的光线依次通过角膜、晶状体、玻璃体这些透明的组织，曲折聚焦在类似照相机底片的视网膜上，然后视网膜发生复杂的生化反应及光电效应，产生视觉信号，再由视神经把信号传送给大脑的视觉中枢，这样人就能看见周围五彩缤纷的世界了。眼睛是人类感知世界最重要的器官。大脑中70%的信息来自视觉器官。在茶叶审评时，用眼睛鉴别六项因子，占八项因子的75%，可见视觉器官在茶叶审评中的重要地位。

（2）嗅觉器官——鼻。鼻的功能有三个方面，即参与呼吸、发声共鸣和感知嗅觉。具有气味的小微粒接触鼻腔内的嗅黏膜，溶解于嗅黏膜的分泌液中，发生一种化学作用，刺激嗅细胞，因而产生神经冲动，经嗅神经传至中枢神经，这时人就可嗅到各种不同的气味，如花香、水果香、焦香、糖香、霉气、臭气等。茶叶冲泡后嗅香气时，由茶叶芳香物质或其他异味物质的小微粒刺激嗅细胞，经嗅神经传至中枢神经，就可嗅到不同类型的茶香或其他异味，如焦味、烟味、日晒味、馊味、油味等。由于茶叶中芳香物质含量不同，对嗅细胞刺激的程度也就不一样，因此能嗅出香气的高低和长短。

嗅觉在生理上还存在一定的差异，如男性嗅觉敏感度低于女性，成年人嗅觉敏感度低于儿童，老年人嗅觉敏感度低于年轻人，婴儿嗅觉敏感度和辨识能力较低。

（3）味觉器官——舌。人的舌头是辨别口味（酸、甜、苦、辣、咸、鲜等）的味觉器官。具有味觉功能的部位是舌的上部，散布着丝状乳头、菌状乳头、轮廓乳头、叶状乳头。除丝状乳头外，其他乳头都有味觉神经，其中菌状乳头还有触觉、痛觉、温觉的知觉神经。每种乳头内都有味蕾，当味觉物质刺激达到味蕾时，味细胞就会兴奋，并根据味觉的强度发出不同频率的冲击电波，刺激神经纤维，神经纤维及时将各种感受传达到中枢神经，即产生了味觉，评茶时就可以辨别出滋味浓淡、厚薄、强弱、鲜爽等。

（4）触觉器官——皮肤。皮肤具有很多重要而奇妙的生理功能。皮肤有丰富而复杂的神经网络和各种神经末梢，可将周围环境中各种刺激传导至大脑皮层而产生感觉。皮肤能感受到触、压、痛、温度等的单一感觉，还可感知许多复合感觉，如干湿、光滑或粗糙、坚硬或柔软等。在干评时，往往先抓一把茶叶在手掌中，然后再掂一掂感知茶叶的重量，辨别茶叶条索紧实度；在湿评时，用手按压叶底（茶渣），辨别叶张的轻重、厚薄、粗糙、软硬、干湿等，来评定茶叶的老嫩程度。

可见，茶叶品质的色、香、味、形，都是由客观存在的各类不同物质和形状刺激人的各种器官感知后而评定的结果。

二、茶叶审评基本条件

茶叶品质是以人的感觉器官来鉴定的，因此茶叶审评的首要条件是人，其次是评茶室条件、设备和评茶用具。茶叶审评是一项实用性很强的技能，要掌握这门技能必须通过专业训练。

1. 评茶员基本条件和要求

（1）评茶员基本条件

1）评茶员应身心健康，无传染病和其他影响感官审评的疾病。评茶员不能有任何感觉的缺陷，如患有色盲、味盲、嗅盲者不能任职。评茶员的感觉要有一致性和正常的敏感性。

2）评茶员个人卫生条件应较好，无明显人体异味，如口臭、腋臭等。

3）评茶员应具有从事感官审评工作的兴趣和钻研性，才能不断提高茶叶审评水平和工作能力。

4）评茶员应具有专业知识，对茶树栽培、茶叶制作、茶叶机械、茶叶化学等相关知识要有一定程度的了解，这才有利于做好茶叶审评工作。

5）评茶员审评各类茶叶时应公正无偏见，否则将失去评茶的意义，也可能造成不良的后果。

（2）对评茶员的要求

1）评茶员在评茶时应具有正常的生理和心理状态。患有疾病或是心情不好的情况下，应暂停评茶工作。不正常的生理和心理条件都会影响感觉器官功能的正常发挥，将对茶叶审评结果准确性造成影响。

2）评茶员在评茶过程中不得抽烟、饮酒和食用其他刺激性的食物，如糖果、葱蒜、韭菜等，不得因上述原因影响正常的感官判断力。

3）评茶员在审评时不可使用有气味的化妆品或装饰品。

2. 评茶室条件、设施及评茶用具

（1）评茶室条件

1）室内外环境条件。评茶室应设在地势干燥、环境清新、周围无异味污染的安静场所。室内要求干燥整洁、空气清新、无异味。室内应配备温度计、湿度计、空调和通风抽湿设备，以保证评茶时的室内温度保持在15~27 ℃、相对湿度在70%以下、噪声不超过50 dB。

2）朝向和面积。评茶室要坐南朝北、北向开窗。评茶室的窗口应无高层建筑和杂物遮挡、无反射光。评茶室面积依评茶人数和日常工作量而定，最小使用面积不得少于10 m^2。

3）室内色调

①墙壁为乳白色或接近白色。

②天花板为白色或接近白色。

③地板为浅灰色或深灰色。

4）采光。评茶室的室内要求光线柔和、明亮，无阳光直射，无杂色反射光。

①自然光。评茶室利用来自北面的自然光，一般用北向斗式采光窗。采光窗高2 m、斜度30°，半壁涂无反射光的黑色油漆，顶部镶无色透明平板玻璃、向外倾斜3°~5°。

②人造光。评茶室使用悬挂在干、湿平台上方的箱型人造昼光标准光源灯箱。灯箱顶部安装标准昼光灯管（二管式或四管式）。灯箱中有集光装置，箱门中部有上下可移动的活板，可灵活调节灯箱的高度。箱内涂灰黑色或浅灰色，防止产生眩光和室外光线的干扰。

③光照度。干评台工作面光照度要求不低于 1 000 lx；湿评台工作面光照度要求不低于 750 lx。

（2）评茶室设施

1）干评台。评茶室内靠窗口应设置干评台，用于放置茶样罐、评茶盘、天平，用来审评茶叶外形。干评台的高度为 80~90 cm，宽度为 60~75 cm，长度视评茶室及需要的具体情况而定，台面为亚光黑色。

2）湿评台。湿评台用于放置评茶杯碗泡茶开汤及审评茶叶内质，包括香气、滋味、汤色、叶底。一般湿评台高度为 75~80 cm、宽度为 45~50 cm，长度视评茶室及需要的具体情况而定，台面为亚光白色。湿评台应放在干评台附近。

3）样品室。评茶室内应设置样品室，配备冰箱或冷柜用于存放茶叶样品。样品室应配备制备茶叶样品的相关设备和器具。室内应配备温度计、湿度计、空调和通风抽湿设备，以保持室内整洁、干燥、无异味；门窗挂有暗帘以避免与评茶区域之间的相互干扰；室内温度≤20 ℃，相对湿度≤50%。

4）水池。评茶室内应设有水池，用于洗涤茶具。

总之，评茶室的布置与设备用具的安放应以利于审评工作为原则，构建一个安静、宽敞、舒适的工作环境，才能便于发挥各种感觉器官的功能，确保评茶结果正确。

（3）评茶用具

1）评茶盘（见彩图 4）。评茶盘也称茶样盘或样盘，用于审评茶叶外形，有正方形和长方形两种，用无气味木板或胶合板制成。正方形评茶盘长和宽各为 23 cm，高为3. 3 cm；长方形评茶盘长为 23 cm，宽为 16 cm，高为 3. 3 cm。评茶盘全涂白色，盘的一角有缺口，呈倒等腰梯形，上宽为 5 cm，下宽为 3 cm，便于倒茶。正方形的评茶盘筛转茶叶比较方便，应用较广；长方形的评茶盘则可节省干评台面积。

2）评茶杯碗（见彩图 5）。评茶杯碗用纯白瓷烧制，厚度、大小和色泽必须一致。

①精茶评茶杯碗规格。评茶杯呈圆柱形，高为 66 mm，杯口外径为 67 mm，容量为 150 mL。评茶杯有盖，盖上有一个小孔。杯盖外径为 76 mm。在杯柄对面一侧的杯口上缘有三个锯齿形的滤茶口，口中心深为 3 mm，宽为 2. 5 mm。评茶碗高为 56 mm，上口外径为 95 mm，容量为 240 mL。

②青茶评茶杯碗规格。评茶杯呈倒钟形，高为 52 mm，上口外径为 83 mm，容量

为 110 mL。杯盖的外径为 72 mm。评茶碗高为 51 mm，上口外径为 95 mm，容量为 160 mL。

③毛茶评茶杯碗规格。评茶杯高为 75 mm，杯口外径为 80 mm，容量为 250 mL。杯盖上有一个小孔。杯盖的外径为 92 mm，在杯柄对面一侧的杯口上缘有三个锯齿形的滤茶口，口中心深为 4 mm，宽为 2.5 mm。评茶碗高为 71 mm，碗口外径为 112 mm，容量为 440 mL。

④压制茶评茶杯碗规格。与毛茶评茶杯碗相同。

3）叶底盘。叶底盘是审评茶叶叶底用的黑色小木盘（见彩图 6）和白色搪瓷盘，有正方形和长方形两种：正方形叶底盘边长为 10 cm，高为 1.5 cm，用以审评精茶；长方形叶底盘长为 23 cm，宽为 17 cm，高为 3 cm。

4）天平（见彩图 7）。一般用感量为 0.1 g 的天平。

5）计时器

①沙漏。用于计量茶叶冲泡时间。评茶时一般使用计时 5 min 的沙漏。沙漏为双球玻璃瓶，内装细沙，外加木架，使用时将沙漏倒置，细沙由一球慢慢流入另一球，待全部落完恰好为 5 min。

②定时器（见彩图 8）。定时器用于计量茶叶冲泡时间。开水冲泡时，用定时器设定所需的时间，到时能自鸣，精确到秒。

6）茶匙（见彩图 8）。普通纯白色茶匙容量约 10 mL，用于取茶汤品尝滋味。

7）网匙（见彩图 8）。网匙用不锈钢丝网制成，用于捞取评茶碗内茶汤中的碎片末茶。

8）吐茶筒。吐茶筒为圆筒形，评茶时用于吐茶及盛装已泡过的茶渣。

9）电水壶。电水壶用于烧开水冲泡茶叶。

三、茶叶取样

1. 取样目的及重要性

取样是指取样人员从被检验的茶叶产品中扦取一定数量的茶叶样品。取样工作的好坏主要体现在扦取的茶叶样品是否有代表性。通常，收购毛茶、验收或出口茶叶，都是由很多件组成一批。即使是同一件中的茶叶，在形状上也有大小、长短、粗细、松紧、圆扁、整碎等差异，另外还有老与嫩、芽与叶、嫩茎与梗之分。从茶叶内含物成分来看，由于地区条件、茶树品种、加工设备和加工工艺不同，茶叶的色、香、味、形也存在差别，像这样组成复杂的群体，如果没有正确的取样方法，就无法保证扦取样品的代表性。如果样品没有代表性，不管检验工作做得如何认真、准确，不管检测仪器如何精密或感官审评经验如何丰富，都不能正确反映茶叶品质实况，也就失去了茶叶检验的意义。

2. 样品名称

（1）原始样品。原始样品是指从一批产品中的单件容器内扦取的样品。

（2）混合原始样品。混合原始样品是指将原始样品集中在一起进行充分混合的样品。

（3）平均样品。平均样品是指将混合原始样品用分样器或四分法逐次均匀缩分至规定数量的样品。

（4）试验样品。试验样品是指从平均样品中分取一定数量供分析检验的样品，简称“试样”。

3. 取样方法

（1）取样件数。国家标准 GB/T 8302—2013《茶　取样》中对取样件数的规定见表 4-1。

表 4-1　　国家标准 GB/T 8302—2013《茶　取样》规定的取样件数

被检验茶叶件数	取样件数
1~5 件	抽取 1 件
6~50 件	抽取 2 件
51~500 件	每增加 50 件（不足 50 件按 50 件计）增抽取 1 件
501~1 000 件	每增加 100 件（不足 100 件按 100 件计）增抽取 1 件
1 000 件以上	每增加 500 件（不足 500 件按 500 件计）增抽取 1 件

在抽取样品时，如果发现茶叶品质、包装、堆垛情况等异常时，可酌情增加或扩大取样数量，以保证样品的代表性，必要时应停止取样。

（2）取样方法

1）大包装茶取样。在核实货证相符后，从不同堆放位置随机抽取规定的件数，然后逐件开启，分别将茶叶倒在软箩或塑料布上，堆成锥形，用取样铲从不同部位取出原始样品 250 g，倒入有盖的专用箱，待逐件取样完毕后，将原始样品充分混匀，用分样器或四分法逐步缩分至检验所需用量（500~1 000 g）的平均样品，分别装于两个茶样罐中，贴上标签，供检验用。检验用的试验样品应有所需要的备份，以供复验或者备查。

2）小包装茶取样。在核实货证相符后，从堆放的不同位置随机抽取规定的件数，逐件开启，从各件中不同部位取出 2~3 盒（听、袋）。所取单件样品保留数盒（听、袋），盛于密闭容器内，供单件分别检验，其余部分现场拆封，倒出茶叶混匀，再用分样器或四分法逐步缩分至 500~1 000 g 的平均样品，分别装于两个茶样罐中，贴上标签，供检验用。

检验用的试验样品应有所需的备份，以供复验或者备查。

3）压制茶（紧压茶）取样。根据全批总件数，按取样件数规定，随机从堆放的不同位置抽取数件，逐件开启，从各件内不同部位取出1~2个（块），除供现场检查外，单件500 g以上的留取2个（块），单件500 g以下的留取4个（块），分别装于两个茶样罐或包装袋中，贴上标签，供检验用。检验用的试验样品应有所需的备份，以供复验或者备查。

4）毛茶取样。原则上按出口茶叶取样方法操作。但由于毛茶拼堆匀度很差，不仅件与件之间有差异，甚至一件内毛茶品质也不一致，毛茶取样不仅要考虑样品的代表性，而且还要考虑加工取料、定级归堆的要求，所以毛茶取样件数要比出口茶叶规定增加10%~30%。必要时也可逐件取样审评，以确保进厂茶叶定级归堆或定级定价的准确性。

4. 取样注意事项

（1）取样工作应在清洁、干燥、光线充足的场所进行，符合食品卫生的相关规定，避免日光直射并防止外来杂质混入样品。

（2）取样用具和盛器应符合食品卫生的相关规定，必须清洁、干燥、无锈、无异味。盛器或包装袋应密闭性良好，防尘、防潮、避光。

（3）样品封装时，应将平均样品及时装入容器中并贴上封样条。使用听、罐盛装样品时，应以装满为度，紧密加盖，用胶带纸封口；使用塑料袋盛装应立即封口；压制茶可用防潮材料包装。

（4）样品容器上必须有标签，详细注明样品名称、茶号、等级、生产日期、批次、取样基数、产地、样品数量、取样地点、取样日期、取样人员姓名及需要说明的其他重要事项。

（5）所取平均样品应及时发往检验部门送检，最迟不得超过48 h，以免耽误审评与检验工作。

四、评茶用水

1. 评茶用水的选择

（1）水的种类。水的种类很多，其性质也各不相同，天然水有泉水、江河湖水、井水、雨水等；人工处理水有自来水、蒸馏水、纯净水等。研究结果表明，泡茶用水以泉水、蒸馏水、纯净水为好，自来水、江河湖水、井水等较差。自来水、江河湖水、井水等用来泡茶对内质影响很大，其原因是自来水一般用氯化物来消毒，往往带有气味，有损于茶汤的鲜味。江河湖水一般是地面水，尤其是靠近城市、工矿企业、住宅区的，容易发生污染，影响水质，用来泡茶很不理想。为了表明水质与茶叶品质的关系，相关人员曾经用虎跑泉水、雨水、西湖水、自来水、井水分别冲泡狮峰龙井、越毛红、温炒青等茶叶，比较各种水对茶叶香气、滋味、汤色的影响，试验重复三次，结果见表 4-2。表中指出香气、滋味和汤色，以虎跑泉水最好、雨水次之、西湖水再次之、井水最差，自来水因消毒关系，使茶叶鲜味减少。

表 4-2　　水质与茶叶品质的关系

茶类	项目	虎跑泉水		雨水		西湖水		自来水		井水	
		次序	评语	次序	评语	次序	评语	次序	评语	次序	评语
狮峰龙井	香气	1	清浓上	2	清浓	3	清浓下	4	尚浓	5	尚浓下
	滋味	1	鲜醇上	2	鲜醇	3	鲜醇下	4	尚醇	5	稍有碱味
	汤色	1	清澈绿亮	2	清澈上	5	清明下	3	清澈	4	清明
	叶底	5	黄绿欠明	4	尚绿明	2	绿明	3	绿明下	1	绿明上
越毛红	香气	1	浓醇上	2	浓醇	4	尚浓	3	浓醇下	5	尚浓下
	滋味	1	鲜甜上	2	鲜甜	3	鲜甜下	4	醇	5	醇下
	汤色	1	红亮上	2	红亮	5	浓明下	3	浓明上	4	明亮
	叶底	1	红亮上	3	红亮下	4	红明	2	红亮	5	红明下
温炒青	香气	1	清和上上	2	清和上	3	清和上中	4	清和中	5	清和中下
	滋味	1	醇和上上	2	醇和上	4	醇和中	3	醇和上中	5	醇和中下
	汤色	4	黄亮中	1	黄亮上上	5	黄亮中下	2	黄亮上	3	黄亮上中
	叶底	3	黄亮上中	1	黄亮上上	2	黄明上	4	黄明中	5	黄明中下

（2）水中矿物质对茶汤滋味的影响

1）氧化铁。当新鲜的水中含有低价铁 0.1 mg/L 时，能使茶汤发暗、滋味变淡，含量越多影响越大。如果水中含有高价氧化铁，其影响比低价大，含 0.1 mg/L 时，茶叶品质就不好了。

2）铝。茶汤中含铝 0.2 mg/L 时，便明显产生苦味。

3）钙。茶汤中含有钙 2 mg/L 时，茶汤变坏带涩，到 4 mg/L 时茶汤滋味发苦。

4）镁。茶汤中含有镁 2 mg/L 时，茶汤变淡。

5）铅。茶汤中含有铅少于 0.4 mg/L 时，茶汤滋味淡薄而稍带酸味，超过时就产生涩味，如在 1 mg/L 以上时，味涩有毒。

6）锰。茶汤中含有锰 0.1～0.2 mg/L 时，产生轻微的苦味；含有锰 0.3～0.4 mg/L 时，茶味更苦。

7）铬。茶汤中含有铬 0.1～0.2 mg/L 时，即产生一点涩味，超过 0.3 mg/L 时，对品质影响很大。铬在天然水中很少被发现。

8）镍。茶汤中含有镍 0.1 mg/L 就有酸的金属味。水中不会含有镍，一般是从器皿上得来的。

9）银。茶汤中含有银 0.3 mg/L 时，即产生金属味，但银在水中不会溶解。

10）锌。茶汤中含有锌 0.2 mg/L 时，会产生令人难受的苦味。饮用水中不会含有锌，可能与锌质的自来水管接触而遭污染。

11）盐类化合物。茶汤中含有硫酸盐 1~4 mg/L 时，茶味有点淡薄，但影响不大，到 6 mg/L 时，会产生一点涩味。在水源中硫酸盐是普遍存在的，有时含量达 100 mg/L。例如，茶汤中加入氯化钠 16 mg/L 时会使茶味略为淡薄。

（3）水质的要求。水质直接影响泡茶效果。水质好的如蒸馏水、纯净水、矿泉水等泡出的茶汤颜色明亮、香气鲜爽、滋味醇和。水质的好坏表现为水的硬度。硬度高的水，水质就差，不是理想的饮用水。主管卫生部门规定，饮用水硬度不超过 25 度。软水硬度一般不超过 8 度。硬水分为碳酸盐硬水和非碳酸盐硬水两种。前者在煮沸时会分解而析出含有钙、镁的碳酸盐沉淀物。后者在普通气压下沸腾不产生沉淀，因此还是合适的饮用水。水的硬度影响水的酸碱度，酸碱度的高低对茶汤色泽影响很敏感。当 pH 值小于 5 时，对红茶汤色影响较小；如果 pH 值超过 5 时，茶汤的色泽就相应地加深；当茶汤 pH 值达到 7 时，茶黄素倾向于自动氧化而损失，茶红素则自动氧化使汤色发暗，以致失去茶汤滋味的鲜爽度。用非碳酸盐硬水泡茶与用蒸馏水泡茶相近，不影响茶汤色泽。但用碳酸盐硬水泡茶，由于含有钙、镁的碳酸盐与酸性茶红素作用形成中性盐，使汤色变暗。如果将碳酸盐硬水通过树脂交换进行软化，即钙被钠取代，则水变成碱性，pH 值达到 8 以上，用此方法软化的水泡茶，汤色显著发暗。因为 pH 值增高，产生不可逆的自动氧化，形成大量的茶红素。因此，泡茶用水的 pH 值 5 以下为宜。用天然软水或非碳酸盐硬水泡茶，都能获得同等明亮的汤色。

2. 泡茶水温

泡茶水温标准为 100 ℃。开水沸腾过度或未达到 100 ℃就用来泡茶，都不能达到良好的效果。评茶用水应烧至起泡而沸腾为度，这样的水冲泡茶叶才能使茶汤的香味更多地透发出来，水浸出物也溶解得较多，得到醇厚的滋味。如果开水沸滚过久，能使溶解于水中的空气全被驱逐，用这样的水冲泡茶叶，茶汤必将失去应有的新鲜感；如果水没有沸腾而冲泡茶叶，则茶叶浸出物不能最大限度地浸泡出来，从而影响茶叶滋味的浓度。根据试验，在不同水温下，用茶 3 g，加水 150 mL，浸泡 5 min 后茶叶中的咖啡因和多酚类物质溶解在茶汤中的百分比是不同的，具体见表 4-3。

表 4-3　　不同水温泡茶时咖啡因、多酚类物质的浸出百分比

泡 5 min 的水温（℃）	咖啡因浸出	多酚类物质浸出
93.3	90%	67%
87.7	87%	57%
82.2	83%	50%
65.5	57%	33%

3. 泡茶时间

茶汤色泽的深浅明暗和滋味的浓淡爽涩，与茶汤中浸出物的数量和质量有密切的关系。泡茶时间长短不同，茶汤中溶解物的量与质也是不同的，因此泡茶时间的长短对茶叶品质审评有很大影响，见表 4-4。可见，冲泡时间越长，茶汤中咖啡因和多酚类物质的浸出量越多。茶汤冲泡 10 min，所有有效成分几乎全部浸出，茶汤总色泽临近最高值。咖啡因溶解速度较快，而多酚类物质的溶解速度较慢，在浸泡 6 min 时，前者几乎全部浸出，后者只浸出 2/3。冲泡时间过长，虽然茶汤中浸出物的含量较多，但滋味不一定好。如果泡茶时间少于 5 min，不但汤色浅、滋味淡，红茶的汤色往往缺乏明亮度，这是因为茶黄素的浸出速度低于茶红素。

表 4-4　　泡茶时间与主要成分浸出百分比

冲泡时间（min）	咖啡因浸出	多酚类物质浸出
1	38%	28%
2	72%	41%
3	48%	53%
4	90%	61%
5	96%	92%

假定茶叶中水分含量为 3.3%，干物质含量为 96.7%。茶叶干特质中咖啡因含量为 2.4%，多酚类物质含量为 11%。3 g 茶样中含咖啡因 0.07 g，多酚类物质 0.32 g。不同冲泡时间 150 mL 茶汤中咖啡因和多酚类物质的含量以及两者的比例见表 4-5。

表 4-5　　不同冲泡时间茶汤中主要成分溶解量

冲泡时间（min）	咖啡因（g）	多酚类物质（g）	多酚类物质/咖啡因
1	0.027	0.089	3.3
2	0.050	0.131	2.6
5	0.067	0.294	4.4

注：表中多酚类物质/咖啡因的数值按四舍五入保留一位小数。

从表 4-5 可以看出，在 150 mL 茶汤中多酚类物质含量少于 0.182 g 则味淡，多则浓，

过多又变涩。而且多酚类物质与咖啡因浸出量必须成一定的比例，以 3∶1 时的口感为适宜。由此可知，一般红茶、绿茶冲泡时间国内与国外均定为 5 min 是有一定科学依据的。

4. 茶叶与水的用量

茶叶与水在冲泡时的用量多少，与茶汤的色、香、味有密切关系。如果用茶量多、用水量少或用茶量少、用水量多，会引起茶汤色、香、味过浓或过淡，甚至达到难以辨别的程度，有碍于茶叶审评。据试验，用同量的茶叶（3 g）冲泡 1 h，其用水量与浸出物的关系见表 4-6。

表 4-6　用水量与浸出物的关系

用水量（mL）	200	100	50	20
浸出物	34.10%	30.55%	27.55%	22.90%

可见，用水量不同，其浸出物量也不同。用水量多，浸出物量就多；用水量少，浸出物量就少。假定用 3 g 茶叶，水分含量为 3.3%，则干物质约为 2.9 g，因用水量不同，其浸出物与茶汤浓度关系也不一样，见表 4-7。

表 4-7　不同用水量对茶汤滋味的影响

用水量（mL）	50	100	150	200
浸出物百分比	27.55%	30.55%	32.50%	34.10%
浸出物（g）	0.80	0.89	0.94	0.99
茶汤滋味	极浓	太浓	正常	淡

为了正确审评茶叶，用茶量与用水量必须一致，国际上审评红茶、绿茶一般 3 g 茶叶用 150 mL 开水冲泡，茶水比例为 1∶50。审评青茶（乌龙茶），由于着重香味，并重视耐泡次数，其用茶量为 5 g，用水量为 110 mL，茶水比例为 1∶22。紧压茶（压制茶）因销售对象或饮用方法不同，审评用茶量、用水量、冲泡或煮的时间也不相同。

5. 评茶方法类型

根据茶水用量、泡茶时间和评茶杯碗规格的不同，评茶方法可归纳为四种类型。

（1）基本类型（又称通用型）。用茶量为 3 g，用水量为 150 mL，泡茶水温为 100 ℃，泡茶时间为 5 min。整个操作过程为分取试样—混匀—称取试样—评外形—冲泡—沥茶汤—评茶汤—闻香气—尝滋味—评叶底，每项评茶因子要给出评语和评分。此评茶方法可用于各类茶，国际上审评红茶、绿茶也用此方法。

（2）传统类型。这种类型是根据饮用“功夫茶”的方式方法而确定的，至今福建、广东很多青茶产区仍以“功夫茶”形式饮茶。出口青茶的福建、广东两省出入境检验检疫局仍然用传统类型的评茶方法，而台湾省用基本类型的评茶方法。传统类型评茶方法使用110 mL倒钟形评茶杯和110 mL评茶碗，用茶量为5 g，茶水比例为1∶22，泡茶水温为100 ℃。一般冲泡3次，第一泡2 min，第二泡3 min，第三泡5 min。每次未沥出茶汤时手持评茶杯的杯盖，闻其香气，然后沥出茶汤评汤色、尝滋味。最后一次冲泡后，先评茶汤、尝滋味，再评叶底，并记录评茶结果。

（3）毛茶类型。毛茶类型评茶方法与基本类型相似，主要是用茶量改为5 g，用水量改为250 mL，茶水比例为1∶50。

（4）紧压茶类型。紧压茶先评外形后评内质。紧压茶种类多，外形不相同，要求紧压茶的形状完整，花纹和图案清晰，棱角分明，厚薄一致，无脱面、缺口，具有各种紧压茶的色泽特征。紧压茶在开汤评内质之前要进行试样制备。一般在紧压茶砖面上选几个点，用电钻穿孔取样，将样品充分混匀后即可称取试样开汤审评。不同种类紧压茶开汤审评时用茶量、用水量各不相同，具体的用量和冲泡方法见表4-8。

表4-8　　审评紧压茶的用茶量、用水量和泡煮时间

紧压茶名	金尖茶	芽细茶	康砖茶	方包茶	茯茶	紧茶	饼茶
泡茶方法	煮渍	冲泡	煮渍	煮渍	煮渍	泡或煮	冲泡
用茶量（g）	5	3	5	10	5	3	3
用水量（mL）	250	150	400	500	400	150	150
茶水比例	1∶50	1∶50	1∶80	1∶50	1∶80	1∶50	1∶50
泡茶时间（min）	10	10	10	10~15	10	8	15

五、茶叶审评程序

为了使评茶工作顺利进行，就必须按照评茶程序认真操作。一般评茶程序是：分取试样→干评（干看）→湿评（湿看）→结果报告。

1. 分取试样

首先将评茶盘按编号顺序排列在干评台上，然后将扦取的平均茶样进行充分混匀，采用分样器、四分法或直线分段取样法分取试样。直线分段取样法比较简单方便，只要将茶样来回均匀地倒在大茶样盘中呈对角直线，分别取3小段茶叶置于评茶盘内（茶样100~200 g），要求各评茶盘内的试样数量大体一致。试样用量过多或过少都不利于持盘操作，试样过少还会缺乏代表性。当分取试样工作完成后，可以称取试样置于评茶杯中，这样可以减少湿评时充分混匀试样的工作。

2. 干评（干看）

（1）持盘操作

1）摇盘。双手握住评茶盘对角的边沿（左手握住评茶盘缺口一角），先做平行回旋转动，使盘中茶叶分成上、中、下三层，再将茶叶收拢成馒头形。

2）簸盘。双手握住评样盘相对两边的边沿，双手同时做上下簸动，使盘下细小轻质的茶叶簸扬在样盘的前面。簸盘的目的是使轻质茶和重质茶分开，便于鉴定茶叶的整碎程度。

（2）外形审评。经摇盘收拢后，茶叶分成上、中、下三层，先看上层，然后看中层，最后看下层。一般条索粗松、身骨轻的粗老朴片都在上层，即称面张茶或上段茶；条索紧实、嫩度较高的集中在中层，称为中段茶；细碎轻质的片末茶分布在四周，即下层，称为下段茶或下身茶。观察三层茶叶都得针对茶叶外形特征对照标准茶样，按形状（或条索）、整碎、净度、色泽四项因子进行审评。

1）形状（或条索）。形状是指茶叶的总体外形，如条形、圆形、扁形、碎形、片形等。审评时，要根据“形状”的特征、特点对照标准茶样进行判断，如条形茶以条索的粗细、长短、大小、轻重、松紧等来判断相符程度。

2）整碎。整碎是指茶叶外形的匀整度。这里包含两种意思：茶叶“个体”之间的粗细、长短、大小是否匀整，茶叶整体是否匀整。

3）净度。净度是指茶叶中含有茶类夹杂物（如梗、籽、朴、片等）及非茶类夹杂物（如杂草、树叶、泥沙、石子、石灰、竹片等）的多少。

4）色泽。干茶色泽主要从色度和亮度两个方面比较。色度是指茶叶的颜色及深浅程度；亮度是指茶叶表面反射出来的亮光，如油润、乌润等评语都表明干茶色泽光亮，表示品质好。

3. 湿评（湿看）

（1）称取试样。首先将评茶杯碗按编号顺序排列在湿评台上。然后用大拇指、中指和食指呈三角形插入充分混匀的试样中，手指接触到样盘，三个指收拢举起，称准试样3 g，置于评茶杯内待冲泡。或者在分取试样后称取茶样。

（2）开汤（冲泡）。将刚沸腾的开水按评茶杯顺序迅速冲泡，计时与冲泡同步进行，泡水量应与评茶杯的缺口齐平，随之加盖，经 5 min 后按冲泡顺序将杯内茶汤倒入评茶碗，倒茶汤时杯应横卧搁置在碗口上，杯柄触及碗沿口，使杯中茶汤滤尽，并捞出碗中的茶渣。

（3）内质审评。开汤后，应先嗅香气和观汤色，再尝滋味，最后审评叶底。

1）嗅香气。香气依靠嗅觉器官辨别。嗅香气的方法是：左手握杯，右手掀开杯盖呈一条缝，靠近杯沿用鼻趁热轻嗅。冷嗅时，可将杯盖打开，鼻子入杯内深嗅。每次嗅香气时间不宜太长也不宜太短，一般是 3 s 左右，不宜大于 5 s 或小于 1 s。时间一长，就会引起嗅觉器官“疲劳”而降低敏感度。为了辨别茶香的高低、纯异等，可以重复1～2次。嗅香气要掌握好温度，一般为45～55 ℃，超过60 ℃时就会感到烫鼻，低于30 ℃时就会感到茶香低沉，难以辨别异气茶。因此，嗅茶香应以热嗅、温嗅和冷嗅结合进行。热嗅的重点是辨别香气纯异与否，兼顾香气类型和高低；温嗅是辨别香气优次准确性的最佳阶段，主要是辨别香气的类型和特征；冷嗅可辨别香气持久的程度。

审评香气以高而长、鲜爽馥郁为好，高而短次之，低而粗为差，凡有烟、焦、酸、馊、霉及其他异味均为劣变茶。

2）观汤色。茶叶开汤后，审评汤色要及时。绿茶茶汤中的成分和空气接触后很容易发生变化，因此观汤色应在嗅香气之前。在观汤色时，要注意去除各评茶碗中混入的茶渣残叶，否则会影响审评的正确性。审评茶汤时，应按照茶汤的色度、亮度、混浊度三方面评定优次或好坏。

①色度。色度是指茶汤颜色。茶汤颜色除了与茶树品种、环境条件、鲜叶老嫩有关外，还与鲜叶加工方法有关。各种鲜叶加工方法使各类茶的干茶、汤色和叶底具有不同的颜色。如果在加工或储存过程发生了问题，也会影响茶汤的色度。在审评茶汤色度时，要注意正常汤色和劣变汤色两方面的审评。正常汤色是指在正常加工、储存条件下的茶叶，冲泡后应具有各类茶汤色度的特征，如绿茶绿汤、红茶红汤、青茶汤色金黄明亮、黄茶黄汤、白茶汤色橙黄明亮或杏黄淡色、黑茶汤色红浓明亮等。劣变汤色是指加工和储存不当引起汤色不纯正，如绿茶汤色混浊、红茶汤色深暗等。

②亮度。亮度是指茶汤亮暗的程度。凡是茶汤亮度好的品质也好，亮度差的品质则次。茶汤能一眼见底为明亮。

③混浊度。混浊又称暗浊，是指茶汤中有大量悬浮物、透明度差、看不到碗底，一般是酸馊变质茶的一种特征。绿茶汤色浑而不清、沉淀物多，表明茶叶品质差，但不一定变质。着色茶的茶汤较混浊。

3）尝滋味。尝滋味的方法是用匙从碗中取一勺茶汤，约5 mL，吮入口内审评。茶汤用量不宜过多或过少，多了会感到满口是茶汤，难以在口中回旋转动；少了口中显空，不利于辨别滋味。茶汤入口后在口中回旋2～3次，同时吸气并发出响声，每次尝滋味时间一般为3～4 s，不宜太长。为了辨别滋味的浓淡、强弱、纯异、苦涩、鲜爽等，可重复2～3次。尝滋味的茶汤一般不宜咽下。尝第二碗茶汤时，匙中残留茶汁应在白开水杯中漂洗，不能相互影响。

最适宜审评茶汤滋味的汤温是45～50 ℃；汤温高于60 ℃会感到烫嘴；汤温低于40 ℃时味觉器官的灵敏度较差，且溶解于茶汤中的与滋味有关的物质在汤温下降时逐渐被析出，茶汤滋味由协调变为不协调。审评茶汤滋味，主要按纯异、浓淡、强弱、鲜爽、苦涩等来评定。

4）评叶底。叶底是靠视觉和触觉器官来判别的。评叶底的方法是：将评茶杯中冲泡过的茶叶倒入叶底盘或搪瓷盘内并倒干净；将叶张铺开、摊平，观察其嫩度和色泽；用手按压叶张，感受其软硬、厚薄程度；用眼观察芽头含量、叶张卷摊、色泽、亮暗等；综合评定优次。

4. 结果报告

（1）审评结果。茶叶审评一般通过对上述各项因子进行综合分析，最终评定茶叶品质和等级。审评过程中，每项因子都要给出审评结果，一般采用评分和评语的方法进行表达，记在茶叶感官审评记录单中（见附录）。

（2）审评报告。审评报告内容包括产品名称、生产单位、数量、生产批号，各项因子和综合评定结果，有否对照样品，审评人员姓名，审评日期等。

六、茶叶审评评分方法、评语和评茶规则

无论毛茶、精茶或再加工茶，审评时都必须对照标准茶样或贸易成交茶样的各项品质因子进行细致审评，并分别做好记录。记录的内容包括评语和评分。评语用来说明审评茶叶的品质情况，评分则表明茶叶品质高低，两者应同时使用。

1. 评分方法

（1）七档评分法。我国在国家标准 GB/T 23776—2018《茶叶感官审评方法》中规定了茶叶审评采用七档评分法。

对照标准茶样或成交茶样，按下述方法对茶叶的外形和内质各项品质因子进行评分，见表 4-9。

表 4-9　评分方法

对照标准茶样或成交茶样	评分（分）
高	+3
较高	+2
稍高	+1
相当	0
稍低	−1
较低	−2
低	−3

计算评分时，各类茶的外形和内质按各项品质因子分别评分，以算术平均值为评定

结果。

$$品质总分=\frac{各项品质因子评分之和}{总项数}$$

各项品质因子的评分中有一项“低”（-3 分），或一项“较低”（-2 分）、一项“稍低”（-1 分），或三项“稍低”（-1 分）的茶叶，均评为低于标准（不合格），不作算术平均。

（2）百分法。百分法是将各类茶的各个级别定为 10 分，并将每种茶叶的一级作为最高分。例如，一级为 91~100 分，二级为 81~90 分，三级为 71~80 分，依此类推，有特级的则特级为 101~110 分。在审评茶叶各项品质因子时，分别给予适当的权数，评分则按各类茶各项品质因子规定的权数，将各项品质因子所得的分数进行加权平均，其值即为本批茶叶的品质总分。

所谓“权数”就是各项品质因子在整个品质中所处的主次地位，也就是各项品质因子得分占品质总分的百分比。不同茶类的各项品质因子权数是不相同的，见表 4-10。

表 4-10　　各类茶各项品质因子权数

茶类	外形	香气	汤色	滋味	叶底
工夫红茶	25	25	10	30	10
绿茶	25	25	10	30	10
青茶	20	30	5	35	10
花茶	20	35	5	30	10

评分计算公式：

$$评定分数=\frac{\sum 各项品质因子给分\times 权数}{总权数}$$

例如，某批工夫红茶对照标准茶样审评，外形 83 分，香气、滋味各 81 分、汤色 82 分、叶底 80 分，按以上公式计算得：

$$\frac{83\times25+81\times25+81\times30+82\times10+80\times10}{100}=81.5\text{（分）}$$

（3）简易方法。我国的很多生产单位和经营部门对茶叶审评的评分方法很简单，只要对照标准茶样，按各项品质因子评定为“高”“较高”“符合或相符”“稍低”“低”，并在茶叶感官审评记录单相应栏目中用“△”“⊥”“V”“T”“×”符号表示。这种方法应用较普遍，但不能提供品质高或低的数据，对产品质量不易统计分析。用评分方法来评定茶叶品质等级，虽然比较麻烦，但相对科学合理。

2. 评语

用简单明确的词汇表达茶叶品质的优缺点及特征情况，这些词汇称为评语，也称评茶术语。评语不仅说明茶叶品质在各方面的实际情况，并作为评分的依据而用于指导生产、改进技术措施，从而提高产品质量。评茶时，评语与评分同时使用，便于沟通思想、统一看法。由于我国茶类品种繁多，评语规范化是茶叶感官审评工作中的一个重要内容。本书重点介绍我国大宗产品红茶、绿茶、青茶常用评语。

（1）外形评语（见表 4-11 和表 4-12）

表 4-11　　外形形状通用评语

评语	说明
显毫	芽叶上的白色茸毛称为“白毫”。有茸毛的茶条比例高称为“显毫”。红茶以金黄色毫为好
匀齐、匀整	匀指均匀，齐指整齐。匀齐不仅指上、中、下三段茶的比例适当无脱档，而且指老嫩整齐，无梗、朴及夹杂物。匀齐也称“匀整”
脱档	条形茶的上、下段茶多，中段茶少，或者上段茶少、下段茶多，称为“脱档”，是筛号茶拼配比例不当的表现。脱档是匀齐、匀整的反义词
匀称	条索的形状、长短、粗细相称，配合适当，无脱档现象
粗大	条索嫩度较差，粗且结实，身骨较轻，介于“粗实”和“粗松”之间
粗实、粗钝、破口	条索或颗粒粗而紧实，称为“粗实”，如果破口也多，称为“粗钝”。茶条两端的断口粗糙而不光滑的，称为“破口”
松泡	形状大、质轻，卷紧度很差
洁净、匀净	无茎梗、筋毛等夹杂物，清洁干净的称为“洁净”。外形整齐而洁净的称为“匀净”
露梗	茶条中的可见茎梗数量不多
显梗	茶条中的茎梗明显且数量较多
露筋	有红色或黄色的整筋或断筋的叶脉
毛衣重	红碎茶中细筋毛较多
夹片多	条形或颗粒茶中含有短阔片茶，且数量较多
梗、朴、片多	茶中含茶梗、茶朴、茶片多
轻飘	茶在手中没有分量，质感瘦薄，叶肉少，是“重实”的反义词

表 4-12　　外形色泽通用评语

评语	说明
均匀	叶色一致
花杂	叶色不一、老嫩不一，含有较多茎梗、色泽杂乱

（2）内质评语（见表4-13至表4-16）

表4-13 汤色通用评语

评语	说明
浓艳	茶汤浓而清澈明亮，有光彩
浓亮	茶汤浓而透明，但其光彩不如“浓艳”
明亮、清澈	茶汤虽不是很浓，也不嫌其淡，清净透明的称为“明亮”，明亮而有光彩的称为“清澈”
浅淡	茶汤溶质很少
沉淀物多	茶汤中沉于杯底的物质称为“沉淀物”，可在搅动茶汤之后检视。沉淀物多是茶中灰末杂质多的现象
混浊	茶汤中有大量悬浮物，透明度差，看不清杯底，称为“混浊”，多见于酸馊变质茶
昏暗	昏暗与混浊不同。昏暗是指汤色不明亮，但汤中并无悬浮物

注：紧压茶汤色评语有淡黄、橙黄、棕黄、红浓、橙红、棕红、暗红几种。

表4-14 香气通用评语

评语	说明
嫩香	香气鲜嫩显露且细腻
清鲜、清香	香气鲜爽而不强烈
高香	茶香高浓而持久
纯正	香气纯净正常，不浓不淡，无异杂气味
鲜灵	花茶窨制技术良好，花香鲜显而高锐
平正	香气淡，嗅之若有若无，一嗅再嗅，几乎全部消失，但无粗老或不正常气味
钝浊	香气虽浓，但滞钝混浊不爽
粗气	香气淡薄，且有老茶的粗糙气
青气、粗青气	类似生叶的清臭气味。绿茶杀青不足，红茶发酵不足，鲜叶的青草气味未完全散失，成品茶就带有青气。青而又粗，称为“粗青气”
高火香、焦香	炒茶或焙茶温度过高、时间过长所引起的香气为“高火香”，程度严重者为“焦香”
老火、焦气	制茶过程中由于火温和操作不当所造成的事故茶，有轻微的焦气称为“老火”，严重的称为“焦气”
闷气	一种不愉快的熟闷气。绿茶杀青叶堆积，炒干温度低等引起；红茶发酵过度，发酵叶堆积，烘干不及时等引起
陈霉气	茶叶储藏时间过久，称为“陈茶”，有陈变气味。茶叶含水量高，储存不当，发霉变质，有霉气和霉味
酸馊气	劣变茶有似米饭变质的酸馊气
异气	茶叶吸附的各种异杂气味，如木气味、樟脑气味、鱼腥气味、烟气味（除小种红茶外）、煤油气味等。写评语时，需注明哪种异味

表 4-15 滋味通用评语

评语	说明
浓厚	茶汤入口浓，收敛性强，回味有黏稠感
醇厚	茶汤入口爽适较浓，有黏稠感
纯正	浓度适当无异味
醇和	滋味不浓不淡，刺激性不强，无苦涩粗杂异味
平和	茶味和淡，无粗味
弱	滋味软而无活力，收敛性微弱
平淡、清淡、清薄	茶汤溶质缺乏，入口平淡，尚适口
粗老、粗淡	茶汤有粗老味，称为“粗老”；粗而淡薄，称为“粗淡”
涩口、青涩、苦涩、味苦、粗涩	茶汤入口后，有麻舌之感的，称为“涩口”；涩口而带生青味的，称为“青涩”；涩而带苦的，称为“苦涩”；味苦而不涩的，称为“味苦”；粗老而涩口的，称为“粗涩”
鲜灵	花茶窨制技术良好，花香新鲜充足，一嗅即有愉悦之感
走味	茶叶储藏不善或经过较长时间的储藏，以致滋味失常，称为“走味”。“走味”比陈茶的“陈味”好
陈味	储藏时间过久，发霉变质的味道
酸馊气、异气	同香气通用评语

表 4-16 叶底通用评语

评语	说明
细嫩	叶张细小，叶质幼嫩，称为“细嫩”。识别叶底是否细嫩，主要看茶芽及顶叶的含量
鲜嫩	叶质细嫩，叶色新鲜明亮
匀嫩	叶质细嫩一致，色泽调和
柔嫩、柔软	叶质细嫩柔软而有光泽，称为“柔嫩”；叶质嫩度稍差，但质地柔软，用手按后叶片服帖，无弹性，称为“柔软”
肥厚	叶张肥壮，叶肉厚，叶脉不露
瘦薄、粗薄	叶肉瘦，叶张薄，称为“瘦薄”；叶质粗硬，叶脉显露，称“粗薄”
开展、舒展、摊张	冲泡后，茶叶自然伸张，恢复似鲜叶原状，叶质柔软，称为“开展”或“舒展”。叶质老的，称为“摊张”
卷缩、不开展	冲泡后叶底仍不开张，卷缩成条，称为“卷缩”或“不开展”。对珠茶、贡熙来说是好的现象；对红茶和其他绿茶来说，是不好的现象，多见于“老火茶”
匀齐	“匀”是色泽调和，“齐”是老嫩一致。但色泽有好有坏，有亮的匀齐，也有暗的匀齐，因此必须与相关评语连用

续表

评语	说明
粗老、硬挺、粗硬	叶张大，叶质老，用手指按有粗糙感，称为“粗老”；叶脉硬化，按叶张后很快恢复原状，称为“硬挺”；叶质粗老而硬挺，称为“粗硬”
硬杂	叶张粗老而驳杂
花青	红茶叶底有未变红的青色叶片或青色斑块的称为“花青”，绿茶叶底夹有靛青色叶片的也称为“花青”
花杂	叶底色泽杂乱不调和，老嫩不一致，称为“花杂”，是匀齐的反义词
短碎、破碎	加工不当，以致叶张短碎或破碎的情况比标准茶样多
焦斑、焦条	茶叶烘焙过失，以致叶面局部或全部出现黑色或黄色烧焦现象。前者称为“焦斑”，后者称为“焦条”
鲜亮、明亮	叶底色泽新鲜明亮，嫩度好的称为“鲜亮”，嫩度稍差的称为“明亮”
昏暗	红茶叶底呈暗棕色，绿茶叶底呈暗绿色，无光泽，统称为“昏暗”，是“明亮”的反义词

（3）评语中常用的副词。茶叶组成复杂，等级较多，评语不可能完全说明清楚茶叶品质的优次。几个品质相近的茶叶，可在评语的前面加上表示差异程度的副词，如稍、尚、略、较等。不同副词的含义及用法简述见表 4-17。

表 4-17　　评语中常用的副词

副词	说明
尚	在某点上程度不足，但基本接近，如尚嫩、尚浓、尚紧结等
欠	在规格要求上或某点上还不够要求，且程度上差距较大，如欠紧结、欠亮、欠嫩、欠均等
微	程度很轻微时使用，如微扁、微黄、微苦涩等
略、稍	某种形态不正及物质含量不多时使用，如略扁、略弯曲、稍苦涩、稍暗、略有回甜、略有花香、稍高等。由于稍与略两字含义基本相同，程度上并无区别，用时注意语气和习惯用法
带	某种程度轻微时用之，如带有花香、带有烟气、带涩、带扁等，有时可与其他副词连用，如略带花香、略带烟气、略带苦涩等，在程度又比单独使用时更轻些
较	用于两茶比较时，表示品质基本接近。用在褒义的品质评语上，表现品质稍次，如紧细、较紧细，后者比前者品质稍次。用在贬义的品质评语上，表现品质稍好，如暗、较暗，梗朴多、梗朴较多，前者比后者品质稍次

评茶时，为了进一步明确评语，有时四个字并用，如白毫显露、颗粒紧结、身骨重实、清澈明亮、鲜洁爽口、扁平尖削、翠绿光滑等。

3. 评茶规则

评茶的结果关系到供销双方的经济、信誉、法律问题等，因此在评茶过程中要严格遵守下列规则。

（1）确定评茶依据。评茶依据是检验试样的标准茶样或双方确定的成交茶样。已成交的同类产品也可作为参考茶样同时进行审评。

（2）遵照评茶的程序和方法操作。在湿评时，被检验试样应泡双杯，以便确定评茶结果或检查评茶过程中有无误差。

（3）试样与标准茶样、成交茶样或参考茶样不相符时，允许按取样方法重新扦取茶样（平均样品）复评一次。若是在试样中发现有霉变茶、酸馊茶、烟焦茶等，可按照食品卫生理化检验方法的总则规定，直接判为不合格产品，不予复评。

（4）对评茶结果有异议或存在不合格产品时，评茶员不得擅自处理，应将评茶过程和结果及时向主管部门或主管负责人如实汇报，并将评茶结果原始记录和茶样归档备案待查。

第2节　各类茶的审评

茶叶按不同情况有多种分类：按生产季节可分为春茶、夏茶和秋茶；按生产流程可分为毛茶（初制茶）和精茶（精制茶）、再加工茶和深加工茶；按茶叶销路可分为外销茶、内销茶和边销茶；按储存期限可分为新茶和陈茶；按不同的加工工艺和品质特征可分为绿茶、红茶、青茶、黄茶、白茶和黑茶。评茶员应全面了解和掌握各类茶的品质特征和审评方法。

一、毛茶审评

各类毛茶复杂多样，而且各项品质因子不是单独形成或孤立存在的，相互之间有着密切联系。评茶员想要在毛茶的复杂组成中找出规律性的东西来，就得了解鲜叶情况、制茶工艺、品质特征及产生这些特征的生物化学变化，以及茶叶品质各项因子的相互关系。从评茶员角度来讲，熟练掌握其审评内容和要点，再根据毛茶标准茶样或产品品质要求进行审评，并对各项品质因子进行综合分析比较，可以得到正确的审评结果。

1. 外形审评

茶叶外形审评主要靠人的视觉，外形与内质有着密切的相关性。按毛茶外形的嫩度、形状（或条索）、色泽、净度等因子，其审评内容及要点分述如下。

（1）嫩度。茶叶老嫩是决定品质的基本条件，是外形审评的重点因子。因茶类不同，外形规格或形状要求不同，嫩度要求也就不同，在审评嫩度时应掌握好以下几个方面。

1）芽叶。嫩度主要是指芽与嫩叶的比例，还得注意嫩度的均匀性。审评时，应取得代表性的茶样进行审评，凡是芽与嫩叶含量多、外形匀整，表明嫩度好；反之为嫩度差。因此，鲜叶质量要求达到嫩、鲜、匀、净，否则将对毛茶品质产生较大影响。

2）锋苗。锋苗是指芽叶卷紧成条索并有锐度。条索紧结、芽头完整锋利并显露，表明嫩度好、做工好；嫩度差，做工虽好但茶叶仍无锋苗。一般炒青绿茶看锋苗，烘青绿茶看芽毫，工夫红茶看芽头，因为炒青绿茶的茸毛在加工时脱落不易见毫，而烘制的茶叶茸毛保留，芽毫显而易见。特别是名优茶，采摘的鲜叶细嫩，炒制时手势轻，芽毫显露。芽毫的多少或稀密，常因产茶地区、茶类、季节、加工方法而异。同一地区、同样嫩度的茶叶，春茶显毫、夏秋次之；同一季节、同样嫩度的茶叶，高山茶显毫，平地次之；人工揉捻的茶叶显毫，机械揉捻的次之。

3）光滑度。一般嫩叶柔软，内含物较多，易揉成条，条索紧结光滑、平伏；嫩度差的鲜叶，叶细胞组织硬，条索不易揉紧，表面凹凸不平，叶脉隆起，外形粗糙。

（2）形状（或条索）。茶叶揉紧的条索是不规则的。红毛茶的条索要求紧结有锋苗，属长圆条形；而龙井、大方的条索是长扁条形；青茶条索卷紧结实，略带卷曲。对于其他不成条索的茶叶，如珠茶、红碎茶要求颗粒圆结为好，呈条形则不符合要求。形状（或条索）审评主要是看松紧、曲直、整碎、壮瘦、圆扁、轻重、均匀程度，见表 4-18。

表 4-18　形状（或条索）评语

评语	说明
松紧	同样嫩度鲜叶制成的茶叶比较条索的粗细，条索粗、空隙大为松，条索细、空隙小为紧
曲直	条索一般以圆、紧、直为好，曲、空、松为差。可用评茶盘反复旋转，茶叶平伏不翘的为直，反之则曲
整碎	条索完整为好，断条缺芽为差，下脚茶片、茶末多的则更差
壮瘦	一般叶形大、叶肉厚、芽粗而长的鲜叶制成的茶叶，条索紧结粗壮的称为“壮”；反之，叶形小、叶肉薄、芽细梢短的鲜叶制成的茶叶，条索紧而细、身骨轻称为“瘦”
圆扁	条索横截面接近圆形称为“圆”，如炒青绿茶、烘青绿茶、红毛茶等；横截面呈扁形称为“扁”，如大方、龙井
轻重	茶叶身骨的重实程度。用手抓一把茶叶掂掂茶叶的轻重，同样一把茶叶（表示体积大致相同），嫩度好、叶肉厚、条索紧结的茶叶比嫩度差、条索粗松的茶叶身骨重实
匀齐	条索粗细、长短、大小相近，上、中、下三段茶比例适当为匀齐，匀齐的毛茶精制率高

（3）色泽。干茶色泽主要包括色度和亮度。色度即茶叶的颜色及其深浅程度。茶叶被外来光线照射后，一部分光线被吸收，另一部分光线被反射出来，形成茶叶的色面，色面的亮暗程度，简称亮度。干茶的色泽可以从润枯、鲜暗、匀杂等方面审评，见表4–19。

表4–19　　色泽评语

评语	说明
润枯	“润”表示茶色一致，外表油润光滑，一般反映鲜叶嫩而新鲜、加工及时合理，是品质好的标志；“枯”是有色而无光泽或光泽差，表示鲜叶嫩度差或加工不当，茶叶品质差。一般陈茶或劣变茶色泽“枯”
鲜暗	“鲜”为色泽鲜艳、鲜活，给人以新鲜感，表示鲜叶嫩而新鲜、加工及时合理，是新茶所具有的色泽；“暗”表现为茶色深而无光泽，一般是鲜叶粗老、加工不当或茶叶陈化造成
匀杂	茶叶色调一致称为“匀”。茶叶色调不一致，多黄片、青条、红梗、红叶、焦边、毛衣等为“杂”

（4）净度。净度是指毛茶中含有夹杂物的程度。一般优质茶不含夹杂物，低档茶叶夹杂物含量较多

2. 内质审评

毛茶开汤应使用容量为250 mL的评茶杯和440 mL的评茶碗，泡茶样5 g，开汤后审评香气、滋味、汤色、叶底四项品质因子。因绿茶汤色易变，应先看汤色，后嗅香气，再尝滋味，最后查看叶底。

（1）汤色。汤色是指茶汤的色泽，除了受茶树品种、环境条件、鲜叶质量、鲜叶加工方法影响外，加工技术上产生问题也会造成不正常的汤色。汤色主要从色度、亮度、混浊度等方面进行审评。

1）色度。茶叶色度主要从正常色、劣变色和陈变色三方面进行审评，见表4–20。

表4–20　　色度评语

评语	说明
正常色	正常色是各类茶应有的汤色，如绿茶绿汤、红茶红汤、青茶橙黄均属正常色。正常色也有浓淡和深浅之分，表示茶汤的优次
劣变色	由于采运、摊放、鲜叶处理或加工不当引起劣变而造成汤色不正，轻则为黄，重则变红。例如，绿茶中产生了红梗红叶，汤色变深或带红；绿茶干燥（烘、炒）温度控制不当，产生焦叶，汤色黄浊；红茶发酵过度，汤色深暗等
陈变色	茶叶随着储存时间延长而陈化，色泽不断加深，造成汤色黄暗。同样，在加工过程中如各工序不能持续进行而脱节，杀青后不能及时揉捻或揉捻后不能及时干燥，也会使新制绿毛茶汤色变为陈变色

2）亮度。亮度是指汤色的透明程度。茶汤能一眼看到底为明亮，深中带浊的称为暗浊。明亮与暗浊能反映茶叶品质的优次。

3）混浊度。混浊是指汤色不清，汤中有沉淀物或细小悬浮物，使视线不易透过茶汤见到碗底。一般劣变茶和陈茶的茶汤混浊不清。但混浊茶汤中应注意两种情况，一种是红茶“冷后浑”，这是咖啡因和多酚类物质的络合物，是红茶品质好的表现；还有一种是鲜叶茸毛多，如碧螺春茶汤中茸毛悬浮在汤表面。

（2）香气。审评香气时，主要从纯异、高低、长短等方面去审评。

1）纯异。“纯”是指某种茶叶应有的香气。“异”是指香气中夹杂其他异味，也称为“不纯”。纯正的香气应注意区分茶类香、地域香和附加香三种类型，见表4-21。

表4-21　香气纯异评语

评语	说明
茶类香	某种茶类特有的香气。例如，绿茶有清香，红茶有甜香，青茶有花香。在不同茶类香型中又要区别产地香和季节香。产地香是区别高山、低山、平地茶的香气。一般高山茶香气高于低山茶，加工得当情况下带有花香。季节香是指不同季节茶叶香气的区别。我国红茶、绿茶一般是春茶香气高于夏秋茶，秋茶香气比夏茶好
地域香	不同产区茶叶特有的香气。例如，炒青绿茶中有兰花香（安徽舒城）、板栗香（安徽屯溪）等，红茶中有蜜糖香（安徽祁门）、果香等
附加香	既具有茶叶本身的香气，又具有窨制的各种鲜花的香气。用来窨制花茶的鲜花有茉莉花、珠兰花、玉兰花、桂花、玫瑰花、米兰花、栀子花等

异味是指不正常的气味，如烟焦味、酸味、馊味、霉味、陈味、鱼腥味、日晒味、闷熟味、药味、木味、油味等。对异味种类无法辨别的，评语中应注明有异味的术语。

2）高低。香气的高低以高、鲜、清、纯、平、粗来区别，见表4-22。

表4-22　香气高低评语

评语	说明
高	香气入鼻充沛，有活力，刺激性强
鲜	新鲜，有提神醒脑、爽快的感觉
清	清爽、新鲜、洁净
纯	香气无异杂，气味纯正
平	香气平和，无异杂气味
粗	感觉粗糙的香型，如老青气

3）长短。长短是指香气持久的程度。如从热嗅到冷嗅都能嗅到茶香为香气长，反之则短。

（3）滋味。茶汤滋味与香气密切相关，在审评滋味时应与香气结合起来审评，一般香气纯滋味就正常。

1）纯正。纯正是指各类茶应具有的正常滋味。在正常滋味中应区别浓淡、强弱、鲜爽、醇和，见表4-23。

表4-23　各类茶应具有的正常滋味

评语	说明
浓淡	浓淡是水可溶物在茶汤中含量多少的反映。浓是指刺激性强，茶汤进口就感到富有收敛性；淡则相反，茶汤进口感到滋味淡薄乏味，但属于正常
强弱	茶汤进口就感到强烈刺激性的茶味称为强，反之为弱
鲜爽	具有新鲜而爽口的味感
醇和	醇指味浓而不涩，回味爽平；和表示滋味淡，属于滋味正常

2）不纯正。滋味不纯正或变质有异味，可以从苦、涩、粗、异等方面审评，见表4-24。

表4-24　滋味不纯正或变质有异味

评语	说明
苦	苦是茶味的特点，对茶的滋味不能一概而论，应加以区别。茶汤入口时，先微苦后回味甜，表示滋味好；先微苦后不苦，回味不甜次之；先苦后仍苦的最差
涩	涩是指有麻嘴、紧舌的感觉。涩味轻重可以根据刺激部位和范围大小来区别：涩味轻的在舌面两侧有感觉，重一点的整个舌面有麻木感。一般茶汤涩味最重的也只在口腔和舌面有感觉。先有涩感后不涩的属于茶汤滋味的特点，不属于涩，茶汤吐出后仍有涩味的才属于涩
粗	茶汤滋味在舌面感觉粗涩，以苦涩味为主，可结合有无粗老气来评定
异	不正常的滋味，如酸味、馊味、霉味、焦味等

（4）叶底。叶底的优次与茶叶色、香、味有一定程度的相关性，是审评毛茶不可缺少的品质因子，主要从嫩度、色泽、匀度等方面审评。

1）嫩度。嫩度以芽与嫩叶的比例和叶质老嫩来衡量。芽含量多、芽壮而长的为嫩度好，芽细而少为次。叶质老嫩可以根据软硬度和有无弹性来辨别：手指按压叶底感到柔软，放手后不弹起为嫩度好；手指按压叶硬有弹性，放手后弹起的表示嫩度差。叶脉隆起触手的为叶质老，不隆起而平滑不触手的为叶质嫩；叶肉厚而软为嫩，薄而硬为老。叶片大小与老嫩无相关性，叶片大而嫩度好也是常见的。

2）色泽。色泽主要是指色度和亮度，其含义与干茶色泽相同。绿茶叶底以嫩绿、黄绿、翠绿明亮者为优，深绿者较差，暗绿带青张或红梗红叶者为最差；红茶叶底以红艳、红亮者为优，红暗者较差，青暗、乌暗花杂者为差。

3）匀度。匀度主要从老嫩、大小、厚薄、色泽、整碎等方面来审评，上述各项因子都接近称为匀度好，反之则差。

二、精茶审评

毛茶经过整形、归类、汰劣、分级后的产品称为精茶、精制茶或成品茶。在鉴别精茶品质时，主要是从组成茶叶品质的各项因子进行审评，但各类精茶的审评方法、内容和要点各有不同。

1. 绿茶审评（外形25%，内质75%）

我国外销绿茶以眉茶、珠茶为大宗出口商品，其次是蒸青茶等。

（1）眉茶

1）外形。眉茶外形审评条索、整碎、色泽、净度四项因子。眉茶要求条索紧结匀整、重实有锋苗，形似眉毛状为上，色泽绿润起霜。如外形条索不浑圆，而是紧中带扁、短钝，则不符合眉茶的外形要求。条索松扁、弯曲、轻飘、色黄，则表明品质差。眉茶忌下段茶含量多。外形鉴别重点为条索卷紧度、轻重度、匀整度及色泽。

2）内质。眉茶内质审评香气、滋味、汤色、叶底四项因子。眉茶开汤湿评时，应先评汤色，然后嗅香气、尝滋味、看叶底。眉茶汤色以明净清澈、黄绿明亮为好，深黄暗浊为差。香气以高低、持久程度区别品质优次。一般清香持久为优，如婺绿、屯绿以清香高长而闻名国内外。舒绿有兰花香，温绿有嫩香为优。滋味以浓鲜爽、回味甘为上品，浓而不爽为中品，味淡薄、粗涩、有老青味和其他杂味为下品。叶底细嫩、厚软、明亮为品质优，叶底粗老、青暗、薄硬的为品质低。绿茶叶底最忌红梗红叶、靛青叶。

（2）珠茶

1）外形。珠茶外形审评颗粒、匀整、色泽、净度四项因子。珠茶审评颗粒的圆扁、松紧、匀整、轻重等，要求颗粒紧结、滚圆如珠、匀称重实。颗粒稍松，略带黄头属正常，但扁块形表示形状不好，若多朴片、黄片则表示鲜叶粗老。

2）内质。珠茶内质审评与眉茶相同，叶底以芽叶完整明亮为好，反之则差。

（3）蒸青茶。蒸青茶主要销往日本，为了满足对外贸易的需要，我国从1972年起引进日本蒸青煎茶设备生产蒸青茶，主要产区为浙江、福建、江西、安徽等。

蒸青茶品质特征为“三绿”，即色泽绿、汤色绿、叶底绿。蒸青茶外形条索挺直、紧结呈扁状，大小均匀。蒸青茶外形主要从条索大小、松紧、褶皱、均匀等方面进行审评。蒸青茶内质审评时，香气以清鲜芳香显露，香高持久为上；滋味以鲜美、爽口、醇厚为上。

2. 红茶审评

红茶有工夫红茶、红碎茶和小种红茶。目前，我国外销红茶以工夫红茶和红碎茶为多。工夫红茶为我国独有，是我国传统出口茶叶种类之一，按产地命名有祁红、滇红、川红、闽红、越红、湖红、宜红等。红碎茶是我国从20世纪60年代开始发展起来的产品。

（1）工夫红茶（外形25%，内质75%）

1）外形审评。工夫红茶外形审评与眉茶相同。嫩度要从显毫、锋苗有无或含量多少去审评；条索应比较粗细、松紧、轻重，以细紧重实为优，粗而松为次；色泽比较乌润度及芽毫色泽；整碎比较茶叶平伏程度和下段茶含量；净度应注意梗、片、末、筋、朴、籽的含量。

2）内质审评。先辨别香气纯异，然后辨别香气类型、高低和持久性。一般高等级工夫红茶香气高而长，冷后仍能嗅到茶香。有的具有特殊的地域香，如祁红有蜜糖香、川红有橘糖香等。中等级工夫红茶香气高而短、持久性差。低等级工夫红茶香气低而短或带粗气。工夫红茶以汤色红艳、冷却后有“冷后浑”现象为好。滋味以醇厚、鲜甜为好。叶底以芽叶柔软、整齐匀称、色泽红亮为好。

（2）红碎茶（外形20%，内质80%）。目前我国生产和销售的红碎茶主要有碎茶、片茶、末茶三种类型。红碎茶审评应注重内质。

1）外形审评。红碎茶外形审评要点：碎茶、片茶、末茶规格分清，匀齐一致。碎茶颗粒卷紧；片茶皱褶而厚实；末茶呈沙粒状，质地重实。红碎茶色泽乌润或带红褐色、色匀不花杂，忌灰枯泛黄。净度根据筋、梗、毛衣、夹杂物含量进行评定。

2）内质审评。红碎茶内质滋味以浓、强、鲜为优，切忌淡、钝、陈。香气要求高而持久。叶底红艳明亮为优，暗杂为次。汤色要求红艳明亮。审评红碎茶汤色和滋味时，可采用加牛奶的方法：加奶后汤色以粉红明亮或棕红明亮为优，淡黄微红或淡红较次，暗褐、淡灰、灰白为次。在品尝滋味时，应有明显的茶味和刺激性，如果只感到奶味、茶味不显，则表明此茶汤滋味淡。

3. 青茶（乌龙茶）审评（外形20%，内质80%）

青茶（乌龙茶）审评分干评和湿评，即干评茶叶的形状、色泽、香气、净度，湿评香气、汤色、滋味、叶底。青茶品质审评以湿评为主。

（1）干评

1）把盘。首先把标准茶样、参考茶样和试样（被审评的茶样）倒在评茶盘内，用量大致相同；然后两手握住评茶盘两对角，做水平旋转筛动（如果是长方形评茶盘，则紧贴桌面来回推拉），使评茶盘内的茶样按轻重、大小、粗短，从上到下不同层次均匀地平铺在评茶盘内。一般分成上、中、下段茶，分层观察：即条形粗大、身骨轻的茶叶以及粗老朴片都浮在上层，称为面张茶或上段茶；身骨重实、茶身壮结、嫩度好的集中在中层，称为中段茶；体积小、断碎的茶叶以及片末茶积聚在下层，称为下段茶或下身茶。

2）净度。两手分别四指并拢，拇指分开，捧起茶叶，再以拇指慢慢向外拨动，认真观察就一目了然了。

3）形态。青茶的茶身以重实为佳，轻飘为次，茶形条索的特征要求与红茶、绿茶等其他茶类不一样，以肥壮与弯曲为佳，细小为次。因此，闽北青茶的条索为紧结沉重、叶端扭曲褶皱，有“外实中空”“蜻蜓头”“青蛙腿”“三节色”等描述；闽南青茶条索为紧结沉重、卷曲，呈青蒂，绿腹蜻蜓头，稍带绿色；铁观音外形为条索圆结匀净，螺旋形身骨沉重、身形大，青腹绿蒂呈绿色，翠润光泽。

4）干闻与色泽。干闻即两手捧起一堆茶，把鼻子贴近茶堆，用力吸气，从口内呼出，鉴别茶叶香气的粗细、长短以及是否有异味，从而初步鉴定茶叶的香气。

青茶的色泽在很大程度上反映出茶叶的品质。青茶色泽与红茶颜色一样，乌黑贝润则发酵过度；如果叶蒂和条索青绿且带青闷气则萎凋不足，称为“叶饱”；色泽枯暗则晒青过度，称为“叶缺”；色暗绿则凉青不足，俗称“积水”，也称为“梗饱”；梗枯干则凉青过度，称为“梗缺”；色泽枯黄，黄片、朴片多，则杀青过度，称为“锅饱”。这些现象是初制工艺不当造成的，降低了茶叶的品质。上等青茶的色泽是黄绿且油润，俗称“宝绿色”或“鳝皮色”。更佳的如岩茶有“三节色”，即青蒂、绿腹、银朱缘（红镶边），铁观音有“香蕉色”的描述。

（2）湿评

1）称茶。将茶样倒在评茶盘中，充分翻拌均匀，先用手轻轻压实，再用拇指、食指、中指三个手指呈等边三角形直插入茶样中某一位置，一触到底，扦取能代表上、中、下三段茶的茶样放于天平上称取 5 g，按顺序倒入 110 mL 钟形杯中。

2）开汤。用刚烧开的沸水从左到右，以慢、快、慢的冲泡速度泡满杯后即盖上杯盖，马上又从左到右，逐杯轻轻拉动杯盖，用开水冲去盖内泡沫，再盖上杯盖。一般冲泡 2~3 次即可确定香气、滋味的水平。

3）闻香气。为了保证判断准确，一般是先按从左到右顺序闻过去，然后又按从右到左顺序闻过来。茶汤倒入茶碗后，再以同样顺序细闻叶底。闻香气时，应注意在冲泡后 1 min 就开始，不能打乱评茶杯的顺序。第一次冲泡 2 min 后即倒出茶汤，以免茶汤太浓影响尝滋味，第一次重点鉴别香气是否正常，是否有焦味、霉味、日晒味、老火味或其他异味。冲泡第二次时闻香气是确定香气水平的关键时刻，这时茶香吐露达到最高峰，可以鉴别茶叶香气的高、低、长、短、显、沉、粗、细了。冲泡第三次主要是观察茶叶的耐泡程度，好茶香气越持久越好。高等级铁观音久泡有余香；高山茶香气清高、细长、顺口。特级、一级、二级的茶叶一定要具有突出的花香，三级也应具有花香。往往低山的高等级茶跟较差的高山茶香气接近。

闻香气时，还要注意闻叶底。因初制过程中处理不当而造成的怪味、辛涩味或其他异味，都是通过闻叶底来鉴别和发现的。

4）看汤色。汤色重要性仅次于香气和滋味。茶汤中混入茶渣残叶时，应用网匙捞出，并用茶匙在碗里绕一圆圈，使沉淀物集中于碗底，再依汤色所呈现的深浅、明暗、清浊评出优次。一般好茶汤色为金黄色。汤色若混浊，则是做青阶段摇青间隔太短，即“催得太急”而引起的；如果像绿茶汤色，则是发酵不足；若是像红茶汤色，则是发酵过度。

5）尝滋味。取一茶匙茶汤入口，使茶汤在舌面上滚动，要发出响声，响声越大，茶汤与舌面接触越全面，效果越好，但不要吞入肚中，以保证审评的准确性。

尝滋味时，要求茶汤温度在 50 ℃左右，茶汤太烫（60 ℃以上），味觉神经受强烈刺激而麻木，影响评茶的准确性；茶汤温度太低（40 ℃以下），一方面味觉神经对温度较低的茶汤灵敏度差，另一方面茶汤中与滋味有关的内含物在热汤中溶解量多而协调，随着温度的降低，溶解在茶汤中的内含物逐步被析出，滋味会由协调变为不协调。

6）评叶底。先嗅余香，再判叶底，后洗茶渣。首先把各杯茶渣反倒在杯盖中，将鼻子紧靠茶渣，用力深吸，鉴定茶叶余香状况。然后将茶渣分别倒至各个叶底盘中，用眼睛看和手指触摸来判别叶底的色泽、老嫩、厚薄，以及做青均匀程度及是否有焦条。最后，通过叶底冲洗，从叶底色泽上观察青茶绿叶红镶边的基本特征是否体现，同时要求叶面明亮鲜艳。在审评过程中，如果品质优次无把握确定下来，就要以审定叶底作为重要参考。

内质审评关键是审评香气和滋味两项品质因子，其他所反映出的现象，是起加深对香气和滋味认识的作用，也可以说是辅助作用，但不能忽略，如果忽略，则往往会产生错觉，从而造成审评误差。所以，湿评以香气、滋味为主，适当结合汤色和叶底。

4. 白茶审评（外形 25%，内质 75%）

白茶属轻微发酵茶，是我国六大茶类之一，也是福建省独家生产的外销茶之一。白茶因外表满披白毫（茸毛）而得名。初制不揉捻，只经萎凋、晒干或低温烘干两道工序。品质特征：外形松展自然，枝叶和芽上带有白毫，色泽绿或黄绿，汤色清澈淡黄，带毫香，滋味甘醇，耐冲泡，叶底完整，色泽淡黄。白茶的品种有白毫银针、白牡丹、贡眉、寿眉及新工艺白茶五种。白茶审评方法采用基本类型的评茶方法，茶水比例为 1∶50，即 3 g 茶叶、150 mL 水，水温为 100 ℃，冲泡时间为 5 min。

（1）汤色审评。白茶开汤后，由于茶汤在空气中变化快，所以必须先将汤色对照标准茶样评定，汤色以橙黄明亮或浅杏黄色为优，红、暗、浊为劣。

(2) 香气审评。对照标准茶样，香气以毫香浓显或显露，清鲜纯正为上；淡薄、青臭、风霉、失鲜、发酵、熟老为次。

(3) 滋味审评。白茶滋味以鲜美、醇厚、清甜为上，粗涩淡薄为差，对照标准茶样评出滋味优次程度。

(4) 叶底审评。白茶叶底的嫩度、色泽好，其香味也一定好，因此应将叶底的嫩度、色泽作为内质审评重要因子加以评定。叶底以匀整、毫芽多为上，硬梗、破碎、粗老为次；色泽鲜亮为优，暗杂、花红、焦红为差。

5. 黄茶审评（外形25%，内质75%）

黄茶按鲜叶老嫩分为黄芽茶、黄小茶和黄大茶三种。其品质特征是黄汤、黄叶，主要是在加工过程中有道闷黄工序。茶叶在湿热条件下闷堆发热，促使茶多酚氧化，叶绿素分解，使叶色和汤色变黄，香味变甜熟。黄茶主要是内销，销往山东、北京、天津、四川等地。

黄茶审评采用基本类型的评茶方法，茶水比例为1∶50，即3 g茶叶、150 mL水，水温为100 ℃，冲泡时间为5 min。审评时应注意各种黄茶的品质特征，如霍山黄大茶应具有锅巴香味的特征等。

6. 普洱茶审评（外形20%，内质80%）

普洱茶属于我国六大茶类中的黑茶，是一种后发酵茶，是经渥堆、干燥等工序加工而成的。普洱茶又分为普洱散茶和普洱紧压茶两种。

(1) 普洱散茶审评方法

1) 干评

①条形。条形主要指完整度和大小。条形较大的叶片嫩度差，条形较细小的叶片嫩度好。优质普洱散茶条索肥壮，断碎茶少，质次的则条索细紧不完整。

②嗅干茶气味。优质的普洱散茶陈香显露（有的含中药香、樟香等），无异杂味。质次的则稍带陈香或陈气，甚至带有酸馊味或其他异杂味。

③色泽和净度。优质的普洱散茶为棕褐色或红褐色（猪肝色），油润光泽，俗称红熟；质次的黑褐枯暗，无光泽。

2) 湿评

①汤色。汤色审评主要看汤色的深浅、明暗。优质的普洱散茶泡出的茶汤红浓明亮，具“金圈”，汤上面看起来有油珠形的膜。质次的茶汤红而不浓，欠明亮，往往还会有尘埃状物质悬浮其中，有的甚至发黑、发乌，俗称“酱油汤”。

②香气。香气审评主要采取热嗅和冷嗅。热嗅评香气的纯异，冷嗅评香气的持久性。优质的茶，热嗅时陈香显著、浓郁且纯正、“气感”较强，冷嗅时陈香悠长，有一种很甘

爽的味道。质次的茶虽有陈香，但夹杂酸馊味、臭霉味、铁锈水味或其他异杂味。

③滋味。滋味审评主要从滑口感、回甘感和润喉感来评定。优质的茶滋味浓醇、滑口、润喉、回甘，舌根生津；质次的茶滋味平淡、不滑口、不回甘，舌根两侧感觉不适，甚至产生“涩麻”感。

④叶底。叶底审评主要看叶底色泽和叶质，还要看泡茶后叶张是否完整，是否还维持柔软度。优质的茶色泽褐红、匀亮、花杂少，叶张完整，叶底柔软不腐败，不硬化；质次的茶色泽花杂，发乌欠亮，或叶质腐败、硬化。

（2）普洱紧压茶审评方法（可参照相应的地方标准）

1）外观。外观审评主要看匀整度、松紧度、香气、色泽、嫩度、匀净度等，还要看形态是否端正，棱角是否整齐，条索是否清晰，有无起层落面。例如，云南七子饼茶要求直径 20 cm，中间厚（2.5 cm）、外缘薄（1.0 cm），而且“臼”处于饼中心不偏歪，条索清晰，无起层落面、掉边，松紧适度，具“泥鳅边”。

2）湿评。评定普洱紧压茶的汤色、香气、滋味、叶底的内容与普洱散茶相同，不再赘述。但鉴别普洱紧压茶品质时要注意内外层的茶叶品质是否一致。判断普洱茶的年份并不容易，一般陈期 5~10 年的甘醇气味较重；3~5 年的气味平平，带有生味；气味刺鼻的，就属于新的普洱紧压茶产品。

三、再加工茶审评

以毛茶或成品茶为原料，进行再加工的茶叶称为再加工茶。目前，我国再加工茶有花茶、紧压茶等。再加工茶的审评方法、内容与毛茶、精茶略有不同。

1. 花茶

花茶是用已精制的各类茶叶（称茶坯、素茶、素坯等）为原料，加某一种香花窨制而成的。窨制花茶的茶坯除红茶、青茶、白茶外，主要以绿茶中的烘青为多。

花茶一般以窨制的鲜花名称来命名，花茶的级别则以茶坯的级别而定。花茶品质的优次，一般与用花量的多少成正比。

审评花茶品质时，外形以茶坯的级别审评条索、老嫩、匀度、净度各项因子；内质着重审评香气和滋味。审评香气主要审评花香的鲜灵度、浓度和纯度。滋味以浓厚又有鲜味为优，醇而不鲜居中，醇和为一般，淡薄为差。叶底以嫩度为主，色泽黄绿明亮为好，黄绿且暗为次，青暗为差。

2. 紧压茶

紧压茶种类较多，品质各异，以黑茶、红茶、绿茶三大茶类为原料，经加工压制成形的有花砖茶、黑砖茶、茯砖茶、康砖茶、沱茶、紧茶等，经加工筑制篓装的有湘尖茶、六堡茶、方包茶等。紧压茶因压制与篓装等不同，审评方法和要求也不同，一般干评外形和湿评内质，同时还鉴定单位重量及含梗量。

（1）外形审评。将茶样充分混匀，取 100~200 g，倒在评茶盘中，按审评因子审评。

（2）内质审评。紧压茶内质审评可参照国家标准（GB/T 23776—2018），称取有代表性的茶样 3~5 g，按照 1∶50 的茶水比例置于相应的评茶杯中，注满沸水，依照茶叶的紧压程度不同加盖浸泡 2~5 min 后，出汤审评汤色、香气和滋味；接着进行第二次冲泡，5~8 min 后出汤，再次审评汤色、香气、滋味和叶底。审评结果以第二次为主，综合第一次来进行审评。

紧压茶种类较多，品质各异，有关外形和内质的感官指标见表 4-25。

表 4-25　紧压茶感官审评指标

名称	外形	内质
花砖茶	砖面平整、纹理清晰、棱角分明、厚薄一致，色泽黑褐，无黑、白、青霉	香气纯正或带松烟香，滋味醇和
黑砖茶	砖面平整、纹理清晰、棱角分明、厚薄一致，色泽黑褐，无黑、白、青霉	香气纯正或带松烟香，汤色橙黄，滋味醇和微涩
茯砖茶	砖面平整、纹理清晰、棱角分明、厚薄一致，色泽黑褐或黄褐色，无黑、白、青、红霉	香气纯正，汤色橙黄，滋味醇和，无涩味
康砖茶	圆角长方形，表面平整、紧实、洒面明显，色泽棕褐，无青、黑霉	香气纯正，汤色红褐尚明，滋味尚浓醇，叶底棕褐稍花
沱茶	碗臼状，紧实、光滑，色泽墨绿，白毫显露	香气纯浓，汤色橙黄尚明，滋味浓厚，叶底嫩匀尚亮
紧茶	长方形小砖块，平整紧实，厚薄均匀，色泽尚乌，有毫，无青、黑霉	香气纯正，汤色橙红尚明，滋味浓醇，叶底尚嫩欠匀

四、名优茶审评

目前，我国名优茶生产地区很普遍，每个产茶区都有名优茶生产。从茶类来看，各类茶都有不同花色品种的名优茶。但花色品种、生产数量最多的是绿茶，约占名优茶的 80%。对名优茶至今还没有统一的认识，对名优茶审评方法尚处在探讨阶段。

1. 名优茶的概念

名优茶是指有一定知名度的优质茶。例如，西湖龙井茶的知名度已达到国内外家喻户晓的程度，它以“色绿、香郁、味甘、形美”的品质特征名扬全球。

2. 名优茶的特点

名优茶与一般产品不同，它是茶叶中的珍品，是在优越的自然环境条件下、在优良茶树品种的基础上精心选料，并采用严格的加工技术制成，有别于一般茶叶的特点。

（1）名优茶与一般茶叶相比，在色、香、味、形上有显著的区别，具有独特的品质风格，既是高级茶饮料，又具欣赏价值。

（2）名优茶在过去或现在，都受到广大消费者认可。

（3）名优茶的产茶地区茶树生态条件优越，多为优良品种茶树的芽叶所制成。

（4）名优茶选料加工精细，采制作业有严格的技术要求和标准，产品质量保持一贯的传统品格。

3. 名优茶的审评方法

名优茶采用基本类型的评茶方法。评茶程序同样为分取试样、干评、湿评和结果报告，也采用八项因子评茶。因名优茶具有独特的品质风格，在审评品质时外形与内质同等重要，要识别不同的名优茶，首先要掌握其外形特征。由于名优茶均是由细嫩的芽叶制成，而细嫩的芽叶在较高水温浸泡时易造成叶色显黄熟，并影响汤色和香气。采用名优绿茶进行审评对比试验，结果见表 4-26。

表 4-26　　不同浸泡时间浸出物含量

茶样	杯泡法					
	100 ℃浸泡 5 min		100 ℃浸泡 3 min		100 ℃浸泡 3 min	
	含量	相对比例	含量	相对比例	含量	相对比例
都匀毛尖	25.30%	100%	24.11%	95.3%	23.00%	90.9%
巴山毫尖	20.66%	100%	18.80%	91.0%	18.43%	89.2%
松阳银毫	16.30%	100%	13.27%	81.4%	12.73%	78.1%
一级炒青	23.90%	100%	22.92%	95.9%	22.39%	93.7%

结果表明：100 ℃水温、浸泡 3 min 的浸出物含量，除松阳银毫外，都与 100 ℃水温、浸泡 5 min 结果接近，均在 90%以上。因此，名优茶审评时可以将浸泡时间由 5 min 调整为 3 min。为什么不能由泡茶水温来调整呢？这有两个方面的问题值得考虑。其一，泡茶水温不以 100 ℃为标准，而采用 90 ℃或 80 ℃水温泡茶，这样对水温控制比较难，给评茶工作带来不便。其二，浸出物是由多种成分组合而成的，有茶多酚、氨基酸、咖啡因、水溶性果胶、可溶性糖、水溶色素、维生素、无机盐等，这些物质在不同的水温下浸出率是不同的。用沸水（100 ℃）泡茶，咖啡因浸出率为 90%、茶多酚浸出率为 67%、维生素浸出率为 89%；用 80 ℃水泡茶，咖啡因浸出率为 83%、茶多酚浸出率为 50%。泡茶水温的高低不仅影响浸出率，也引起浸出物各成分配合比例的变化，以及茶汤滋味的协调。同样，茶叶的香气也是由多种芳香物质组成的，若不用沸水泡茶，茶叶中高沸点的芳香物质就不易挥发出来，给评茶者造成错觉，影响评茶结果的正确性。

第三节　茶叶识别与鉴别

在评茶时，茶叶是春茶、夏茶、秋茶，或是新茶、陈茶，或是劣变茶、假茶等都是审评所关注的内容。

一、春茶、夏茶、秋茶的识别

无论哪一类茶，采制季节对于茶叶品质都会产生明显的影响，以绿茶为例，有句俗语“清明前后是个宝、谷雨以后是棵草”，是指清明前后采制的茶叶品质优、卖价高。名优茶一般是早春期间采制的茶叶。要识别春茶、夏茶、秋茶，就得掌握各季节茶叶的品质特征。

1. 春茶品质特征

外形一般紧结匀齐，芽肥毫长，身骨重实，色泽光润；内质香高持久，滋味醇厚鲜爽，汤色明亮，叶底柔嫩厚实，正常芽叶多。

2. 夏茶品质特征

外形一般较松，身骨较轻，老嫩欠匀，净度较差，色泽稍暗；内质香气欠高，滋味带涩，汤色较浅稍暗，叶底瘦薄较硬，芽较短，叶尖细瘦，叶张大小不匀。

3. 秋茶品质特征

外形一般较松，身骨较轻，色泽欠润；内质香气较低，滋味涩度比夏茶微轻，汤色浅尚明亮，叶底瘦薄较硬，叶形较小，芽较短小，对夹叶较多。

二、新茶、陈茶的识别

新茶和陈茶至今说法不一。正确区别新茶与陈茶，以隔年为界较妥当，也就是说凡是当年采制的春茶、夏茶、秋茶为新茶，隔年以后的茶叶为陈茶。如果当年采制的新茶产生陈色、陈气、陈味的，不属于陈茶，那是因加工、储存不当而产生的，应属于劣变茶。

要识别新茶与陈茶，应从茶叶的色、香、味等方面进行比较评定。

1. 色泽

茶叶储藏过程中，由于受到空气和光的作用，构成茶叶色泽的一些色素物质发生缓慢的氧化、分解或聚合，干茶色泽（不管红茶或绿茶）枯暗不润；绿茶汤色黄褐不清，叶底黄暗不舒展，红茶汤色红暗，叶底红暗不开展。从茶梗的色泽可以进一步识别新茶与陈茶：陈茶的茶梗枯脆易断，在断面呈枯黑色；若是茶梗中央呈褐色，周围尚有一圈绿色，则为新茶。

2. 香气

茶叶储藏过程中，由于香气物质的氧化、缩合和缓慢挥发，使茶叶由清香变得低浊。

3. 滋味

茶叶储藏过程中，酯类物质氧化后产生了易挥发的醛类物质或不溶于水的缩合物，使可溶于水的有效成分减少，茶叶滋味由醇厚变得淡薄。同时，又由于茶叶中氨基酸的氧化和脱氨，茶叶的鲜爽味减弱而变得“滞钝”。

三、劣变茶的识别

凡是在审评茶叶品质过程中发现下列几种现象之一的都属于劣变茶。

1. 霉茶

干茶霉花明显或茶叶结块，干嗅也能嗅到霉气。红茶汤色暗红变黑，绿茶汤色红而混浊并有粉状浮游物，是严重的霉变茶，不宜饮用。如果干嗅没有茶香，呵口气可嗅出霉气，但不太显著，属于霉变初期或霉变程度较轻，经加工复火可以消除者，可作为次品茶。

2. 酸馊茶

凡热嗅、冷嗅都有酸馊气，或者嗅、尝滋味时有馊气的茶叶为劣变茶。若干茶色泽死灰，汤色混浊，叶底有乌条烂叶者，应列为严重的劣变茶，不能饮用。

3. 烟气茶

凡在热嗅时有一股较浓烈的烟气，尝滋味也可尝到烟味，并且不易消失的茶叶是严重的烟气茶，应作劣变茶处理。如果烟气的程度较轻，即初嗅略有烟气，但继续嗅之又似乎没有，或嗅香气时略有烟气，在尝滋味时又尝不出来，这类轻度烟气茶可作次品处理。

4. 焦气茶

茶叶在干燥过程中，由于烘炒温度过高或翻炒不匀不勤，导致干嗅或开汤嗅都带有焦气且不易消失，叶底有焦片。

5. 其他异味茶

凡是茶叶受油类、药物等串味物的污染，均为异味茶。轻者处理后可使异味消失的作为次品茶，严重的不能饮用。

四、假茶的鉴别

凡是使用不是从茶树上采下的芽叶制成的茶都属于假茶，但要与保健产品区别开来，如用人参叶制成的人参茶、罗布麻叶制成的罗布麻茶、桑树芽制成的桑茶，以及老鹰茶、柿叶茶、杜仲茶、枸杞茶、甜叶菊茶等。还有一类是茶叶中掺入数量不等的药用植物叶或原料拼制而成的产品，如糯米茶、减肥茶、青春抗衰老茶等，不可与假茶混为一谈。真茶与假茶，有一定实践经验的人只要稍加注意，是不难识别的。如把假茶原料和真茶原料拼配加工，就增加了识别的难度。但用科学的分析方法还是能鉴别出真假的。鉴别假茶时，一般用感官审评方法。

假茶的具体审评方法是将可疑的茶叶进行开汤审评，将茶叶冲泡 2 次，每次 10 min，使叶片全部展开后，放在瓷盘内仔细观察茶叶形态特征，不符合以下真茶形态特征的为假茶。

（1）真茶的边缘锯齿显著，锯齿上有腺毛，近叶基部锯齿稀疏。

（2）真茶的叶脉呈网状，有明显的主脉、侧脉和细脉；主脉与侧脉呈 45°~80°，侧脉伸展至边缘 2/3 处即向上弯曲呈弧形，与上方侧脉相连，构成封闭的网状系统。

（3）真茶的芽叶背面均生茸毛，以芽上茸毛最多，且密而长，随芽叶的生长，茸毛渐稀、短而逐渐脱落。

第 4 节　茶叶储藏与保管

茶叶从生产、运输、销售（包括出口）一直到泡茶饮用，都得经过储藏与保管的过程，只是储量多少和储存时间长短不同。茶叶的储藏要起到保持原有的品质，达到供需均衡等目的。由此可知，茶叶储藏与保管是茶叶生产和销售过程中不可缺少的重要环节，在长期生产实践中广大劳动人民已积累了丰富和宝贵的经验。作为评茶员，既要会看茶、泡茶，也要懂得如何储藏和保管茶叶。

一、茶叶特性与环境条件的关系

1. 茶叶特性

茶叶具有很强的吸湿性、氧化性和吸收异味的特性，这与茶叶本身组织结构和含有某些化学成分有密切的关系。

（1）茶叶吸湿性。茶叶是一种疏松、多毛细管的结构体。茶叶的表面到内部有许多不同直径的毛细管，同时茶叶中含有大量水溶性的果胶物质。因此，茶叶会随着空气中湿度增加而吸湿，增加其水分含量。经实验，珍眉二级茶暴露在相对湿度 90%以上环境中 2 h，茶叶水分含量由5.9%增加到8.2%，可见茶叶吸湿性非常强。

（2）茶叶氧化性。氧化性俗称“陈化”。在储藏过程中，茶多酚的非酶氧化（即自动氧化）仍在继续，这种氧化作用虽然不像酶促氧化那样迅速，但储存时间一长，茶叶色、香、味的变化也是很显著的。氧化物不但使汤色加深，而且使滋味失去了鲜爽度。尤其是在茶叶含水量高、储藏环境温度高的条件下，茶叶的氧化（陈化）速度更快。

（3）茶叶吸异味性。茶叶是一种疏松、多毛细管的结构体，且含有萜烯类物质和棕榈酸等，能吸附异味（包括花香）。因此，茶叶在储存或运输过程中，严禁与一切有味道的商品（如肥皂、化妆品、药材、烟叶、化工原料等）储放在一起，且在使用包装材料或运输工具时，都得注意干燥、卫生、无异味，否则茶叶沾染异味，轻者影响了香气和滋味，重者失去饮用价值。

2. 影响茶叶品质的环境条件

（1）温度。温度是使茶叶品质变化的因素之一。温度越高，品质变化越快。如绿茶色泽和汤色的褐变，受温度的影响较大，实验结果表明：在一定范围内，温度每升高10 ℃，褐变速度提升3~5倍。这主要是因为茶叶中的叶绿素在热和光的作用下易分解，同时也加速了茶叶的氧化（陈化）。因此，用冷藏的方法能有效地防止茶叶品质劣变。

（2）湿度。茶叶具有很强的吸湿性，在无防潮包装或防潮效果不良的条件下，湿度过高将使茶叶含水量增加，导致茶叶浸出物茶多酚、叶绿素含量随之降低，红茶中的茶黄素、茶红素也随之下降，品质劣变的速度也就随之加快。湿度过高，茶叶吸湿而达到一定的含水量会引起霉变。因此，茶叶储存的防潮措施十分重要。

（3）氧气。空气中约含20%的氧气，氧几乎能和所有的元素起反应而形成氧化物。茶叶中的茶多酚、抗坏血酸、脂类、醛类、酮类等物质都能进行自动氧化，氧化后的生成物多数会影响茶叶品质。如果在密封不良条件下储存，空气流通就能加速茶叶中的成分自动氧化而引起质变。使用抽氧充氮包装，对保持茶叶品质效果很好。

（4）光。光的本质是一种能量，光的照射可以提高整个体系的能量水平。光对茶叶储存产生不利的影响，会加速各种化学反应的进行。光能促进植物色素或脂质的氧化，特别是叶绿素易受光的照射而褪色。在光照下，茶叶中某些物质发生光化反应，茶叶中的戊醛、丙醛、戊烯醇等增加，由此产生一种不愉快的异味（即日晒气味）加速茶叶的质变。茶叶在储藏或运输中，要防止光线照射。茶叶包装应选用不透光材料。

综上所述，各种环境因子对茶叶品质都有不同程度的影响。其中，含水量对茶叶品质影响最大，其次是温度、湿度和氧气。因此，含水量高的茶叶，在高温、高湿下储存，品质劣变的速度最快也最剧烈。

二、茶叶包装

茶叶包装是保护茶叶品质的一种储存容器，既有方便运输、装卸和仓储的作用，又有美化商品和宣传商品的作用。茶叶具有吸湿、氧化和吸收异味的特性，因此茶叶应存放在干燥、无异味、不透气的包装容器内。出口茶叶的包装，在出口前应按标准要求进行检验，如果包装不符合标准要求，同样会作为不合格产品，不得放行出口。

1. 茶叶包装种类

目前，对茶叶包装的分类或命名都没有统一规定，有的按茶叶销路分为内销茶包装、边销茶包装和外销茶包装；有的按茶叶包装的组成部分分为内包装和外包装；有的按采用的各种新技术分为真空包装、无菌包装、除氧包装等。以下介绍按茶叶生产、运输和用途归纳的运输包装和销售包装两类。

（1）运输包装。运输包装俗称大包装，用于盛装各种散装茶叶和小包装茶，一般由茶箱、防潮材料和外包三部分组成。由于运输行业的发展，在国内外贸易中大多数采用托盘或集装箱装运，因此茶叶包装的外包部分逐渐减少使用。运输包装按使用的材料可分为木板箱、胶合板箱、瓦楞纸箱、纸板箱、塑料编织袋、麻包，还有竹篓、竹筐等。当前以胶合板箱、瓦楞纸箱用量最多，竹篓、竹筐基本上已淘汰。出口茶箱规格分为定型箱和定量箱两种。

1）定型箱

①胶合板包角铁皮箱（又称国际标准箱），规格为 40 cm×40 cm×60 cm 和 40 cm×50 cm×60 cm。

②胶合板搭襻箱，规格为 46 cm×46 cm×46.4 cm。

2）定量箱。定量箱规格以装重不同而定制。

（2）销售包装。销售包装俗称小包装，是一类与消费者直接见面、携带方便，既能保护茶叶品质又便于陈列展销，并可以装饰美化的容器包装。

1）分类。小包装使用材料不同，有纸盒装、竹盒装、听装、罐装、瓶装、袋装、工艺品容器盛装等多种形式。

2）组成。小包装中的袋泡茶由过滤纸、外封套、纸盒、玻璃纸四部分组成，其他都是由衬纸、容器、玻璃纸三部分组成。

3）容量。袋泡茶容量有 2 g、2.5 g、2.8 g、3 g、5 g、6 g 等，其他包装容量分别有 50 g、80 g、100 g、150 g、250 g、300 g、500 g 等，最多为 1 000 g。

2. 茶叶包装要求

（1）牢固。包装容器要牢固。如果使用一种易破损的容器，就是采用再先进的技术包装（真空包装、除氧包装等），也不能起到防止茶叶质变的作用。因此，对大、小包装的容器所使用的材料都有具体的规定。

（2）防潮。茶叶在储存过程中要防止劣变，防潮是关键。当前茶叶包装所用的防潮材料有如下几种。

1）铝箔牛皮纸。一般用于大包装，是由 0.014 mm 厚度的铝箔和 50~60 g/m^2 的牛皮纸复合而成的防潮材料。这种材料不仅能防潮，而且还能遮光，同时也耐热、不透气。这些是铝箔所具有的特性，但铝箔的物理性能较脆弱，易产生砂眼、折穿，需用韧性强的材料，如牛皮纸、塑料和其他材料复合成薄膜，更好地发挥铝箔的作用。铝箔牛皮纸是一种较好的包装材料，应用范围很广。

2）复合薄膜。选用聚酯、尼龙、聚丙烯等 1~2 种材料与铝箔复合而成的复合薄膜，其防潮性能好。

3）涂塑牛皮纸。用 60 g/m^2 的牛皮纸，涂 4~5 丝厚度的聚乙烯，这类防潮材料用于小包装，作为纸箱或胶合板箱的内衬材料。

4）塑料袋。塑料袋是一种价廉、无气味、透明、有一定防潮性能的包装材料，多数用于塑料编织袋、麻包内作为防潮材料，也作为小包装的内衬材料。但塑料袋防香性能较差。

茶叶包装所需用的材料都得干燥、无异味，大包装和小包装盛装茶叶后还得做好封口工作。

（3）卫生。茶叶属于食品类，凡是接触茶叶的包装材料，包括零售茶叶用纸等，都得符合食品包装卫生的要求，如过滤纸需要进行铜、铅、砷、锌等含量的分析，所用的包装衬纸、内袋或纸盒都不能有荧光物质的残留。除此以外，袋泡茶的外封套及纸盒不得有油墨味，胶合板要求既不能有胶合剂气味也不能有强烈的板材气味。

（4）整洁。同一批茶叶包装规格应一致，便于装运、仓储堆放和计算数量，同时要求包装完整、清洁。

（5）美观。无论大、小包装，印刷的标志应醒目、整齐、完整、清晰，尤其小包装印制各种图案、文字及食品标签规定的内容，排列要合理整齐，使人一目了然，起到美化、宣传的作用。

三、茶叶储藏

茶叶保存期限的长短，与包装和储藏条件有很大关系，也就是包装和储藏条件越好，保存期限就越长一些，反之则短。下面分常温储藏、低温冷藏和其他家庭用茶储藏方法三种情况介绍。

1. 常温储藏

茶叶是大宗产品，多数储存于仓库，称为常温储藏。

（1）仓库要求

1）仓库内要求清洁卫生、干燥、阴凉、避光。

2）仓库方位以长为东西向、宽为南北向较为合适。仓库与仓库之间设天棚，便于晴雨天装卸茶叶。

3）绿化是保持仓库环境卫生的一种手段，同时又能起到吸收空气中有害气体并灭菌的作用。此外，要求仓库四周排水畅通。

4）仓库周围一定范围内不能堆放包装物，不能有污染源，特别是不能有对人体健康有毒害的气味。

5）仓库内备有垫仓板，以及调节温度、湿度的装置。

（2）仓储保管

1）按不同的茶叶包装和批次分别堆放，并做好堆垛卡，注明品名、数量、重量和进仓日期。

2）堆放应与地面、墙面有一定的距离（距地面 25 cm，距墙面 60 cm），并留出通道行走。

3）茶叶进出仓应轻装轻卸。发现包装破损应及时加固修补或调换包装。发现潮湿包装或异常情况应另外堆放，等待后续处理。

4）储藏期间要定时检查和记录仓库内的温度和湿度。在高湿的情况下，可采用除湿机调节仓库的湿度，保持相对湿度在 60% 以下。

5）仓库内应有防虫、防鼠设备，要定期进行清扫、消毒，保持仓库内清洁卫生。

6）茶叶应专库储存，不得与其他物品混存混放。

7）运输工具（车、集装箱）必须符合卫生要求。运输农药、化肥或贴有毒害标记的运输工具严禁装运茶叶。

2. 低温冷藏

1992 年开始，我国采用低温冷库存放茶叶。该冷库由安徽农业大学茶业系与安徽十字铺茶场联合设计，一次可储藏 1 200 个标准箱茶叶；冷库可在 0～10 ℃范围内调节温度自动控制。茶叶储藏 6 个月后，总的品质（色、香、味）接近于新茶。冷藏是储藏茶叶比较理想的方法，目前很多茶叶销售部门、茶楼、茶馆和家庭用茶已采用这种方法。

采用冷库或冰箱储存茶叶时，首先应将茶叶盛装在一个密闭的容器内，其次不能与其他物品（尤其是串味的物品）存放在同一冷库或冰箱内。冷库或冰箱应保持清洁卫生、无异味。

3. 其他家庭用茶储藏方法

要使茶叶不变色、不走味，除可采用冰箱储藏以外，还有如下几种方法。

（1）瓦坛储藏法。首先将茶叶用纸包好，要求茶叶水分含量在6%以下。然后把茶包置于瓦坛的四周，中间放块状生石灰，生石灰用量应视茶叶的多少而定。最后用棉花或不透气材料封坛口，防止与外界空气交换。石灰视吸湿程度，一般1~2个月换一次。这种方法可保存茶叶半年左右。

（2）热水瓶储藏法。利用完好的热水瓶储藏茶叶，瓶内应干燥、清洁。将茶叶装入热水瓶内，尽量充实装满，以减少瓶内的空隙，盖好塞子，用蜡封口，保存数月后茶叶仍然如新。

（3）听、罐储藏法。用马口铁制成容量不同、形状各异的听、罐，用于储藏各类茶叶。使用新的听、罐前要清除其内的油迹及油气味（防锈）。最好用与听、罐容量相同的塑料袋或其他防潮材料铺一层再装入茶叶，将容器充实装满，在盖口用胶带纸封住。

（4）塑料袋储藏法。用塑料袋存放茶叶，是当今最普遍、最通用的一种方法，但不宜较长时期储藏。因为塑料这类包装材料防香性能较差，另外易被茶叶戳穿产生砂眼（孔、洞）而影响防潮性能。如果想储藏时间长一些，必须再用防潮性能好的包装材料（如铝箔牛皮纸）包扎后存放。

上述各种家庭用茶储藏方法都要注意茶叶必须干燥；使用的容器要清洁、卫生、干燥、无异味；各种容器盛装茶叶要充实装满，并要封好口；装有茶叶的容器应储存在阴凉、干燥、避光的地方；尽量减少启封容器的次数。

测试题

一、判断题（下列判断正确的请打“√”，错误的请打“×”）

1. 茶叶审评是茶叶感官审评的简称，俗称“评茶”和“看茶”。（ ）
2. 茶叶审评首要条件是人，其次是评茶室条件、设备和评茶用具。（ ）
3. 在评茶过程中，评茶员不可吸烟、饮酒、食用刺激性的食物。（ ）
4. 各类茶的审评均以八项因子进行审评。（ ）
5. 泡茶水温规定为100 ℃，也可以用80 ℃或90 ℃的水温。（ ）
6. 评茶的依据是茶叶个人感觉器官的敏感度。（ ）
7. 水质的好坏，对茶叶湿评无影响。（ ）

8. 茶叶审评程序是先干评后湿评。（ ）

9. 对评茶结果有异议或存在不合格时，评茶员可以擅自处理。（ ）

二、单项选择题（下列每题的选项中，只有1个是正确的，请将其代号填在横线空白处）

1. 茶叶湿评嗅香气，是靠评茶员的________来完成的。

A. 视觉器官　　B. 味觉器官

C. 嗅觉器官　　D. 触觉器官

2. 青茶（乌龙茶）审评时使用的评茶杯容量为________。

A. 150 mL　　B. 200 mL　　C. 310 mL　　D. 110 mL

3. 从一批茶叶产品的单件容器内扦取的样品称为________。

A. 试验样品　　B. 平均样品

C. 混合原始样品　　D. 原始样品

4. 卫生部门规定，饮用水的硬度不得超过________。

A. 8 度　　B. 12 度　　C. 25 度　　D. 30 度

5. 品尝茶汤滋味时，茶汤温度以________为宜。

A. 60 ℃以上　　B. 60 ℃左右　　C. 50 ℃左右　　D. 40 ℃以下

6. 审评毛茶要以外形的________度、条索、色泽、净度等因子进行审评。

A. 老　　B. 嫩　　C. 硬　　D. 软

7. 茶叶审评是一种________方法。

A. 感官审评　　B. 物理检验

C. 化学检验　　D. 微生物检验

三、多项选择题（下列每题的选项中，至少有2个是正确的，请将其代号填在横线空白处）

1. 茶叶审评是以人的________器官来鉴定茶叶的品质。

A. 视觉　　B. 味觉　　C. 嗅觉

D. 触觉　　E. 听觉

2. 茶叶品质具体表现在茶叶的________。

A. 色　　B. 香　　C. 味

D. 形　　E. 老嫩

3. 评茶程序有________四个阶段。

A. 分取试样　　B. 干评　　C. 湿评

D. 结果报告　　E. 结果统计

4. 湿评时，嗅香气可按________三个过程进行。

A. 热嗅　　B. 温嗅　　C. 冷嗅
D. 轻嗅　　E. 深嗅

5. 干评台用于放置审评茶叶外形的________。
A. 评茶杯　　B. 评茶碗　　C. 茶样罐
D. 评茶盘　　E. 天平

6. 茶叶包装常用的防潮材料有________四种。
A. 铝箔牛皮纸　　B. 复合薄膜　　C. 涂塑牛皮纸
D. 塑料袋　　E. 布

7. 影响茶叶品质的环境条件有________。
A. 热度　　B. 温度　　C. 湿度
D. 氧气　　E. 光

8. 茶叶包装要求________。
A. 牢固　　B. 防潮　　C. 卫生
D. 整洁　　E. 美观

四、简答题

1. 评茶员应具备哪些基本条件?
2. 为什么评茶员在患病或心情不好的情况下不宜参与评茶工作?
3. 茶叶审评时，评语和评分有哪些作用?
4. 茶叶取样的目的和重要性是什么?
5. 当前我国茶叶审评的评分方法有哪几种?
6. 简要叙述评茶规则的内容。

测试题答案

一、判断题

1. √　2. √　3. √　4. ×　5. ×　6. ×　7. ×　8. ×　9. ×

二、单项选择题

1. C　2. D　3. D　4. C　5. C　6. B　7. A

三、多项选择题

1. ABCD　2. ABCD　3. ABCD　4. ABC　5. CDE　6. ABDE　7. ABCD

8. BCDE　　9. ABCDE

四、简答题

1. 答：评茶员应身心健康，无传染病和其他影响感官审评的疾病；不能有任何感觉的缺陷；感觉要有一致性和正常的敏感性；个人卫生条件应较好、无明显的人体异味；应具有从事感官审评工作的兴趣和钻研性；具有一定的专业知识；应公正无偏见。

2. 答：评茶员在患病或心情不好的情况下，也就是人的生理和心理处在不正常状态下，会影响感觉器官功能正常发挥，对评茶结果准确性也会有影响。

3. 答：评语说明茶叶品质的情况，并作为评分的依据。评分则表明茶叶品质的高低。在评茶时，评语与评分应同时使用，便于沟通思想、统一看法。评语还具有指导生产、改进技术措施，从而提高产品质量的作用。

4. 答：茶叶取样是指从被检验的茶叶产品中扦取一定数量的茶叶样品。做好取样工作必须按照取样要求操作，否则就无法取得有代表性的样品，检验结果就不能表明茶叶品质的实际情况，也就失去了茶叶检验的意义。

5. 答：茶叶审评的评分方法有七档评分法、百分法、简易方法。

6. 答：（1）确定评茶依据。评茶依据是检验试样的标准茶样或双方确定的成交茶样。

（2）遵照评茶程序和方法操作，检验试样应泡双杯进行湿评。

（3）评茶结果与标准茶样不相符时，允许重新取样复评一次。若是在试样中发现有任何一种劣变茶，可以直接判为不合格，并不予复评。

（4）对评茶结果有异议或存在不合格产品时，评茶员不得擅自处理，应将情况如实向主管部门或主管负责人汇报，并将评茶结果原始记录和茶样归档备案待查。

附录　茶叶感官审评记录单

茶名：　　　　　　　　　　　　样品号码：

<table>
<tr><td>项目</td><td colspan="2">品质因子</td><td>评分</td><td>评语</td></tr>
<tr><td rowspan="4">外形</td><td colspan="2">形状（或条索）</td><td></td><td></td></tr>
<tr><td colspan="2">整碎</td><td></td><td></td></tr>
<tr><td colspan="2">净度</td><td></td><td></td></tr>
<tr><td colspan="2">色泽</td><td></td><td></td></tr>
<tr><td rowspan="5">内质</td><td colspan="2">香气</td><td></td><td></td></tr>
<tr><td colspan="2">汤色</td><td></td><td></td></tr>
<tr><td colspan="2">滋味</td><td></td><td></td></tr>
<tr><td rowspan="2">叶底</td><td>嫩度</td><td></td><td></td></tr>
<tr><td>色泽</td><td></td><td></td></tr>
<tr><td colspan="3">对照样品</td><td colspan="2"></td></tr>
<tr><td colspan="5">总评：</td></tr>
</table>

审评日期：　　　　　　　　　　　　审评人员：